海洋深水油气田开发工程技术丛书

丛书主编　　曾恒一

丛书副主编　谢　彬　李清平

深水平台工程技术

王世圣　　谢文会　　等
著

上海科学技术出版社

图书在版编目（CIP）数据

深水平台工程技术 / 王世圣等著. -- 上海 ：上海
科学技术出版社，2021.3
　　（海洋深水油气田开发工程技术丛书）
　　ISBN 978-7-5478-5257-6

Ⅰ．①深… Ⅱ．①王… Ⅲ．①海上钻探平台－工程技
术 Ⅳ．①TE951

中国版本图书馆CIP数据核字(2021)第046296号

深水平台工程技术

王世圣　谢文会　等　著

上海世纪出版(集团)有限公司
上 海 科 学 技 术 出 版 社　出版、发行
（上海钦州南路71号　邮政编码200235　www.sstp.cn）
上海雅昌艺术印刷有限公司印刷
开本 787×1092　1/16　印张 15.5
字数 340千字
2021年3月第1版　2021年3月第1次印刷
ISBN 978‐7‐5478‐5257‐6/TE·6
定价：128.00元

本书如有缺页、错装或坏损等严重质量问题，请向工厂联系调换

内 容 提 要

　　本书基于国家科技重大专项课题"深水平台工程技术"的研究成果,系统地阐述了深水平台的总体设计、数值分析、模型试验、建造和安装技术。第1章介绍了国内外深水油气田开发与深水平台的技术现状及趋势,深水油气田开发工程模式、深水平台类型和特点,以及选型原则;第2章介绍了典型深水平台设计技术及设计规范;第3章介绍了典型深水平台数值分析技术;第4章介绍了深水平台试验装置及水池试验技术;第5章介绍了典型深水平台建造和安装方案。

　　本书内容充分反映了国内深水平台的技术进步和技术创新成果,可供从事船舶与海洋工程研究和设计的工程技术人员、科研人员和高等院校相关专业的师生参阅。

丛书编委会

主　编　曾恒一

副主编　谢　彬　李清平

编　委　（按姓氏笔画排序）

专家委员会

丛书序

目前，海洋能源资源已成为全球可持续发展主流能源体系的重要组成部分。海洋蕴藏了全球超过70%的油气资源，全球深水区最终潜在石油储量高达1000亿桶，深水是世界油气的重要接替区。近10年来，人们新发现的探明储量在1亿t以上的油气田70%在海上，其中一半以上又位于深海，深水区一直是全球能源勘探的前沿区和热点区，深水油气资源成为支撑世界石油公司未来发展的新领域。

当前我国能源供需矛盾突出，原油、天然气对外依存度逐年攀升，原油对外依存度已经超过70%，天然气的对外依存度已经超过45%。加大油气勘探开发力度，强化油气供应保障能力，构建全面开放条件下的油气安全保障体系，成为当务之急。党的十九大报告提出"加快建设海洋强国"战略部署，实现海洋油气资源的有效开发是"加快建设海洋强国"战略目标的重要组成部分。习近平总书记在全国科技"三会"上提出"深海蕴藏着地球上远未认知和开发的宝藏，但要得到这些宝藏，就必须在深海进入、深海探测、深海开发方面掌握关键技术"。加快发展深水油气资源开发装备和技术不仅是国家能源开发的现实需求，而且是建设海洋强国的重要内容，也是维护我国领海主权的重要抓手，更是国家综合实力的象征。党的十九届五中全会指出，"坚持创新在我国现代化建设全局中的核心地位，把科技自立自强作为国家发展的战略支撑"，是以习近平同志为核心的党中央把握大势、立足当前、着眼长远作出的战略布局，对于我国关键核心技术实现重大突破、促进创新能力显著提升、进入创新型国家前列具有重大意义。

我国深海油气资源主要集中在南海，而南海属于世界四大海洋油气聚集中心之一，有"第二个波斯湾"之称。南海海域水深在500 m以上区域约占海域总面积的75%，已发现含油气构造200多个、油气田180多个，初步估计油气地质储量约为230亿～300亿t，约占我国油气资源总量的1/3，同时南海深水盆地的地质条件优越，因此南海深水区油气资源开发已成为中国石油工业的必然选择，是我国油气资源接替的重要远景区。

深水油气田的开发需要深水油气开发工程装备和技术作为支撑和保障。我国海洋石油经过近50年的发展，海洋工程实践经验仅在300 m水深之内，但已经具备了300 m以内水深油气田的勘探、开发和生产的全套能力，在300 m水深的工程设计、建造、安装、运行和维护等方面与国外同步。在深水油气开发方面，我国起步较晚，与欧美发达国家还存在较大差距。当前面临的主要问题是海洋环境及地质调查数据不足,工程设计、建造和施工技术匮乏,安装资源不足,缺少工程经验,难以满足深水油气开发需求,所以迫切需要加强对海洋环境和工程地质技术、深水平台工程设计及施工技术、水下生产系统工程技术、深水流动安全保障控制技术、海底管道和立管工程设计及施工技术、新型开发装置工程技术等关键技术研究,加强对深水施工作业装备的研制。

2008年,国家科技重大专项启动了"海洋深水油气田开发工程技术"项目研究。该项目由中海油研究总院有限责任公司牵头,联合国内海洋工程领域48家企业和科研院所组成了1200人的产学研用一体化研发团队,围绕南海深水油气田开发工程亟待解决的六大技术方向开展技术攻关,在深水油气田开发工程设计技术、深海工程实验系统和实验模拟技术、深水工程关键装置/设备国产化、深水工程关键材料和产品国产化以及深水工程设施监测系统等方面取得标志性成果。如围绕我国南海荔湾3-1深水气田群、南海流花深水油田群及陵水17-2深水气田开发过程中遇到的关键技术问题进行攻关,针对我国深水油气田开发面临的诸多挑战问题和主要差距(缺乏自主知识产权的船型设计,核心技术和关键设备仍掌握在国外公司手中;深水关键设备全部依赖进口;同时我国海上复杂的油气藏特性以及恶劣的环境条件等),在涵盖水面、水中和海底等深水油气田开发工程关键设施、关键技术方面取得突破,构建了深水油气田开发工程设计技术体系,形成了1500 m深水油气田开发工程设计能力;突破了深水工程实验技术,建成了一批深水工程实验系统,形成国内深水工程实验技术及实验体系,为深水工程技术研究、设计、设备及产品研发等提供实验手段;完成智能完井、水下多相流量计、保温输送软管、水下多相流量计等一批具有自主知识产权的深水工程装置/设备样机和产品研制,部分关键装置/设备已经得到工程应用,打破国外垄断,国产化进程取得实质性突破;智能完井系统、水下多相流量计、水下虚拟计量系统、保温输油软管等获得国际权威机构第三方认证;成功研制四类深水工程设施监测系统,并成功实施现场监测。这些研究成果成功应用于我国荔湾周边气田群、流花油田群和陵水17-2深水气田工程项目等南海以及国外深水油气田开发工程项目,支持了我国南海1500 m深水油气田开发工程项目的自主设计和开发,引领国内深水工程技术发展,带动了我国海洋高端产品制造能力的快速发展,支撑了国家建设海洋强国发展战略。

"海洋深水油气田开发工程技术丛书"由国家科技重大专项"海洋深水油气田开发工程技术(一期)"项目组长曾恒一院士和"海洋深水油气田开发工程技术(二期、三期)"项目组长谢彬作为主编和副主编,由"深水钻完井工程技术""深水平台技术""水下生产技术""深水流动安全保障技术"和"深水海底管道和立管工程技术"5个课题组长作为分册主编,是我国首套全面、系统反映国内深水油气田开发工程装备和高技术领域前沿研究和先进技术成果的专业图书。丛书集中体现海洋深水油气田开发工程领域自"十一五"到"十三五"国家科技重大专项研究所获得的研究成果,关键技术来源于工程项目需求,研究成果成功应用于工程项目,创新性研究成果涉及设计技术、实验技术、关键装备/设备、智能化监测等领域,是产学研用一体化研究成果的体现,契合国家海洋强国发展战略和创新驱动发展战略,对于我国自主开发利用海洋、提升海洋探测及研究应用能力、提高海洋产业综合竞争力、推进国民经济转型升级具有重要的战略意义。

中国科协副主席
中国工程院院士

丛书前言

加快我国深水油气田开发的步伐，不仅是我国石油工业自身发展的现实需要，也是全力保障国家能源安全的战略需求。中海油研究总院有限责任公司经过 30 多年的发展，特别是近 10 年，已经建成了以"奋进号""海洋石油 201"为代表的"五型六船"深水作业船队，初步具备深水油气勘探和开发的能力。国内荔湾 3-1 深水气田群和流花油田群的成功投产以及即将投产的陵水 17-2 深水气田，拉开了我国深水油气田开发的序幕。但应该看到，我国在深水油气田开发工程技术方面的研究起步较晚，深水油气田开发处于初期阶段，国外采油树最大作业水深 2 934 m，国内最大作业水深仅 1 480 m；国外浮式生产装置最大作业水深 2 895.5 m，国内最大作业水深 330 m；国外气田最长回接海底管道距离 149.7 km，国内仅 80 km；国外有各种类型的深水浮式生产设施 300 多艘，国内仅有在役 13 艘浮式生产储油卸油装置和 1 艘半潜式平台。此表明无论在深水油气田开发工程技术还是装备方面，我国均与国外领先水平存在巨大差距。

我国南海深水油气田开发面临着比其他海域更大的挑战，如海洋环境条件恶劣（内波和台风）、海底地形和工程地质条件复杂（大高差）、离岸距离远（远距离控制和供电）、油气藏特性复杂（高温、高压）、海上突发事故应急救援能力薄弱以及南海中南部油气开发远程补给问题等，均需要通过系统而深入的技术研究逐一解决。2008 年，国家科技重大专项"海洋深水油气田开发工程技术"项目启动。项目分成 3 期，共涉及 7 个方向：深水钻完井工程技术、深水平台工程技术、水下生产技术、深水流动安全保障技术、深水海底管道和立管工程技术、大型 FLNG/FDPSO 关键技术、深水半潜式起重铺管船及配套工程技术。在"十一五"期间，主要开展了深水钻完井、深水平台、水下生产系统、深水流动安全保障、深水海底管道和立管等工程核心技术攻关，建立深水工程相关的实验手段，具备深水油气田开发工程总体方案设计和概念设计能力；在"十二五"期间，持续开展深水工程核心技术研发，开展水下阀门、水下连接器、水下管汇及水下控制系统等关键设备，以及保温输送软管、湿式保温管、国产 PVDF 材料等产品国产化研发，具备深水油气田开发工程基本设计能力；在"十三五"期间，完成了深水油气田开发工程应用技术攻关、深化关键设备和产品国产化研发，建立深水油气田开发工程技术体系，基本实现了深水工程关键技术的体系化、设计技术的标准化、关键设备和产品的国产化、科研成果的工程化。

为了配合和支持国家海洋强国发展战略和创新驱动发展战略,国家科技重大专项"海洋深水油气田开发工程技术"项目组与上海科学技术出版社积极策划"海洋深水油气田开发工程技术丛书",共 6 分册,由国家科技重大专项"海洋深水油气田开发工程技术(一期)"项目组长曾恒一院士和"海洋深水油气田开发工程技术(二期、三期)"项目组长谢彬作为主编和副主编,由"深水钻完井工程技术""深水平台技术""水下生产技术""深水流动安全保障技术"和"深水海底管道和立管工程技术"5 个课题组长作为分册主编,由相关课题技术专家、技术骨干执笔,历时 2 年完成。

"海洋深水油气田开发工程技术丛书"重点介绍深水钻完井、深水平台、水下生产系统、深水流动安全保障、深水海底管道和立管等工程核心技术攻关成果,以集中体现海洋深水油气田开发工程领域自"十一五"到"十三五"国家科技重大专项研究所获得的研究成果,编写材料来源于国家科技重大专项课题研究报告、论文等,内容丰富,从整体上反映了我国海洋深水油气田开发工程领域的关键技术,但个别章节可能存在深度不够,不免会有一些局限性。另外,研究内容涉及的专业面广、专业性强,在文字编写、书面表达方面难免会有疏漏或不足之处,敬请读者批评指正。

中国工程院院士 曾恒一

致 谢 单 位

中海油研究总院有限责任公司

中海石油深海开发有限公司

中海石油(中国)有限公司湛江分公司

海洋石油工程股份有限公司

海洋石油工程(青岛)有限公司

中海油田服务股份有限公司

中海石油气电集团有限责任公司

中海油能源发展股份有限公司工程技术分公司

中海油能源发展股份有限公司管道工程分公司

湛江南海西部石油勘察设计有限公司

中国石油大学(华东)

中国石油大学(北京)

大连理工大学

上海交通大学

天津市海王星海上工程技术股份有限公司

西安交通大学

天津大学

西南石油大学

深圳市远东石油钻采工程有限公司

吴忠仪表有限责任公司

南阳二机石油装备集团股份有限公司

北京科技大学

华南理工大学

西安石油大学

中国科学院力学研究所

中国科学院海洋研究所

长江大学

中国船舶工业集团公司第七○八研究所

大连船舶重工集团有限公司

深圳市行健自动化股份有限公司

兰州海默科技股份有限公司

中船重工第七一九研究所

浙江巨化技术中心有限公司

中船重工(昆明)灵湖科技发展有限公司

中石化集团胜利石油管理局钻井工艺研究院

浙江大学

华北电力大学

中国科学院金属研究所

西北工业大学

上海利策科技有限公司

中国船级社

宁波威瑞泰默赛多相流仪器设备有限公司

本书编委会

主　编　王世圣

副主编　谢文会

编　委　（按姓氏笔画排序）

邓小康　冯加果　朱小松　李　阳　呼文佳

赵晶瑞　韩旭亮

前　言

　　随着海洋油气田的开发不断向深水推进,深水浮式平台(简称"深水平台")的技术得到了迅速的发展,不同平台类型相继出现。目前浮式平台技术在国外已是成熟的技术,各种类型的深水平台已在世界深水油气田开发中得到广泛应用。深水平台类型多样,典型的深水平台类型包括张力腿平台(TLP)、深吃水立柱式平台(SPAR)、半潜式平台和浮式生产储油卸油装置(FPSO)。这四类深水浮式生产设施在深水油气田的开发中有不同的应用特点,TLP、SPAR 可以用于干式采油,采油树安装在平台上,便于修井作业;半潜式平台和 FPSO 只能用于湿式采油。在深水油气田开发中,深水平台类型的选择所涉及的影响因素很多,主要影响因素是开发成本。

　　我国南海深水油气资源丰富,荔湾 3 - 1 气田和陵水 17 - 2 气田的开发标志着我国南海深水油气田的开发已从浅水进入深水。深水平台是深水油气田开发的主要工程设施,因此在我国向深水海洋工程进军的过程中,深水平台工程技术是需要掌握的核心技术之一。自"十一五"以来,在国家科技重大专项、"863"计划和重点研发计划支持下,中国海洋石油总公司(简称"中国海油")深水工程重点实验室的有关技术人员已经持续开展了 10 多年的深水平台技术相关研究,在浮式平台设计、建造和安装技术方面积累了较多经验。通过技术攻关,已完成半潜式平台、TLP、SPAR、浮式生产液化装置(FLNG)、浮式钻井生产储油卸油装置(FDPSO)的概念设计和基本设计,开发了具有自主知识产权的可实现干树采油的半潜式平台和 FDPSO,已具备了深水浮式生产设施概念设计及船体部分基本设计分析能力,具备了新型浮式平台方案开发能力,初步形成了深水平台的设计技术体系。

　　本书集中体现了深水平台技术自"十一五"到"十三五"期间研究所获得的成果,编写材料来源于国家科技重大专项课题研究报告、论文等。鉴于篇幅的限制,本书简要、系统地介绍了深水平台选型、设计、建造和安装关键技术,数值模拟技术,以及水池模型试验技术,注重一般原则、方法和原理。本书的编写人员均为参与深水平台技术研究的主要人员,第 1 章由王世圣、呼文佳编写,第 2 章由谢文会、冯加果、赵晶瑞编写,第 3 章由韩旭亮、赵晶瑞、李阳、谢文会编写,第 4 章由朱小松编写,第 5 章由王世圣、赵晶瑞编写。

　　深水平台工程技术研究成果内容丰富，本书只能从整体上反映其设计与制造的关键技术，不免会有一些局限性。另外，研究成果内容涉及的专业面广、专业性强，表达方面难免会有疏漏或不足之处，敬请读者批评指正。

王世圣

2021 年 1 月

目　录

深水平台工程技术

第1章　深水平台技术概论

深水蕴藏着丰富的油气资源,世界范围内深水油气田的开发推动了深水平台技术的发展。深水平台是深水油气田开发的主要依托设施,根据深水油气田规模和特点的不同,形成了多种依托深水平台开发的工程模式。本章概述了深水油气田开发与深水平台发展,简述了深水平台类型和特点,归纳了深水油气田开发工程模式,对深水油气田开发工程模式制定和深水平台选型提出了一般原则,对深水平台技术发展及新型浮式平台研发进行了展望。

1.1 深水油气田开发与深水平台技术发展

1.1.1 深水油气田开发概述

1)国外深水油气田开发

深水油气勘探始于20世纪60年代末,经过几十年的发展,特别是近20年来的发展,取得了突出的成就,相继发现了一批巨型、超巨型油气田,油气储量得到快速增长。随着海洋油气田的开发不断向深水推进,为适应深水油气田开发的需要,深水油气田开发工程技术与装备得到了迅速的发展。同时,工程技术的进步与装备水平的提高也为新的深水油气田的发现提供了技术保障。

随着深水开发工程技术的发展,对深水的定义在不断变化,且还将继续变化。20世纪70年代深水区被定义为水深100 m的海域,到20世纪80年代晚期定义为300 m,但美国矿管机构于2003年将深水区定义为水深大于450 m的海域,水深大于1 500 m的海域为超深水区。目前水深400~500 m海域的勘探技术早已成熟,因此常将400~500 m海域作为深、浅水的分界。

深水蕴藏着丰富的油气资源,自1975年成功钻探第一口深水探井以来,全球已在19个沉积盆地发现深水油气,包括33个亿吨级油气田,70%以上分布在墨西哥湾北部、巴西东南部和西非这三大深水区近10个沉积盆地,故以上三大深水区被称为深水油气勘探的"金三角",集中了当前大约84%的深水油气钻探活动,其中墨西哥湾最多,占到32%,其次为巴西,占30%,第三为西非。此外,北大西洋两岸、地中海沿岸、东非沿岸及亚太地区都在积极开展深水勘探活动。挪威和俄罗斯也准备在巴伦支海海域联合开展油气勘探。

随着新的深海油气资源被不断发现,亚洲和澳大利亚海域也成为了新的深海油气富集区。在亚洲,2004年,伊拉克、阿联酋、科威特和伊朗等国已探明的石油蕴藏量分别为 1 125 亿桶、978 亿桶、940 亿桶和 897 亿桶。在我国南海地区,深水勘探开发也在广泛开展,南海周边已发现 100 多个油气田,每年开采量达 5 000 万 t,天然气采出量 300 亿 m^3。菲律宾 Malampaya 油气田在 2001 年 10 月投产。越南、菲律宾、马来西亚、文莱、印尼等南海周边国家已经与埃克森-美孚、壳牌等 200 多家公司在南海海域合作钻探了约 1 380 口钻井,年石油产量达 5 000 万 t。

2) 国内深水油气田开发

我国南海海域广阔,资源潜力极大,勘探前景良好。数据显示,南海海域有含油气构造 200 多个,油气田大约有 180 个,大概在 230 亿~300 亿 t 之间,相当于全球储量的 12%,占我国油气资源总量的 1/3,其中 70% 蕴藏于深海区域。

我国从 20 世纪 80 年代末开始关注深水油气资源,并通过对外合作启动了深水油气田开发工程。

1996 年,我国与外国公司合作开发水深 310 m 的流花 11 - 1 油田,在我国南海第一次应用了水下生产技术,采用了当时 7 项世界第一的技术,如水下卧式采油树、水下湿式电接头、水下电潜泵等。

1997 年,我国与外国公司合作开发了水深 333 m 的陆丰 22 - 1 油田,仅用一艘 FPSO 和水下生产系统就实现了深水边际油田的开发,并在世界上第一次使用了海底增压泵,成为世界深水边际油田开发的范例。

1998 年、2000 年,我国采用水下生产系统开发了惠州 32 - 5、惠州 26 - 1N 油田。

2009 年,我国与国外合作开发的位于尼日利亚的水深 1 800 m 的 AKPO 油田建成投产。

荔湾 3 - 1 气田是中国第一个真正意义上的深水油气田,位于南海东部,香港东南 300 km 处,平均水深 1 500 m,目前已全面建成投产。该气田由中国海洋石油集团有限公司(中国海油)与和记黄埔旗下的哈斯基能源公司合作开发。荔湾 3 - 1 气田于 2006 年 6 月被发现,探明储量为 1 000 亿~1 500 亿 m^3,年产量可望达到 50 亿~80 亿 m^3。

陵水 17 - 2 气田是中国自营深水勘探的第一个重大油气发现,初步测试表明陵水 17 - 2 气田为大型气田。业内普遍将储量超过 300 亿 m^3 的气田定义为大型气田。陵水 17 - 2 气田位于南海琼东南盆地深水区的陵水凹陷,距海南岛约 150 km,平均作业水深 1 500 m。陵水 17 - 2 - 1 井由"海洋石油 981"承钻,2014 年 1 月开钻,同年 2 月完钻。在陵水 17 - 2 气田开发前期研究的基础上,通过大量的自主攻关工作,确定了"深水半潜式生产处理平台+深水水下生产系统+干气接入主干管网"的开发方案。目前陵水 17 - 2 气田即将迈入开发建设阶段。

3) 深水油气田开发工程技术

深水油气田的不断发现和开发生产促进了深水平台技术的发展。海洋浅水海域油气田开发一般采用固定式平台,但深水油气田开发使用固定式平台已不再经济,因此深水平台成为深水油气田开发生产的必需装备。深水油气田开发生产所需要的技术装备包括深水钻井装置和深水油气田生产设施。深水钻井装置有两类：一类是深水钻井船，另一类是深水半潜式钻井平台。深水半潜式钻井平台在已服役的深水钻井装置中占有较大的比例。半潜式钻井平台的下船体潜入水中，甲板处于水上安全高度，水线面积小，受波浪影响小，稳定性好、支持力强、工作水深大，新发展的动力定位技术用于半潜式平台后使其工作水深可达 3 000 m，同时勘探深度也相应提高到 9 000～12 000 m。深水油气田的采油生产依靠深水平台，它们的主要类型包括：张力腿平台（TLP）、深吃水立柱式平台（SPAR）和半潜式平台。根据 2017 年 5 月统计，目前世界上已投产和即将建成的共有：TLP 30 座、SPAR 22 座、半潜式平台 17 座。自深水平台问世以来，它们的结构形式不断改进，设计技术水平持续发展，在深水油气田开发中起到了重要的作用。深水平台结构形式有多种，但可归纳为 4 种典型形式，其他形式或是改进型，或是由典型形式发展而来。4 种典型深水平台形式如图 1-1～图 1-4 所示。

图 1-1　半潜式平台

图 1-2　半潜式平台

　　深水油气田开发是一种投资巨大、风险大、回报率高的项目，深水浮式平台类型的选择对油气田的开发成本有重大的影响，开发一个深水油气田具体选择哪一类平台，并依托该类平台形成的开发工程模式，涉及的因素很多，如储量大小、水深、环境条件、离岸距离等。

　　深水平台设计、建造和安装方面技术是深水油气田开发工程关键技术的主要内容。目前关于平台的设计，世界范围内海洋工程专业设计公司拥有不同的专利或专长，Technip-Coflexip 公司和 FloaTEC 公司拥有 SPAR 的专有技术，TLP 的设计也包含有一些专利技术，由几家专业公司所拥有，而能够设计半潜式平台的专业公司较多，但都有自己专长和特点。深水平台的建造，除 SPAR 的主体建造对场地有特殊要求外，一般大型船厂均能建造 TLP、半潜式平台主体结构，这些船厂分布在世界各地，亚洲的韩

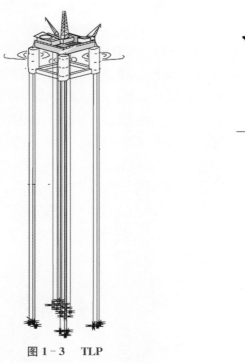

图1-3　TLP

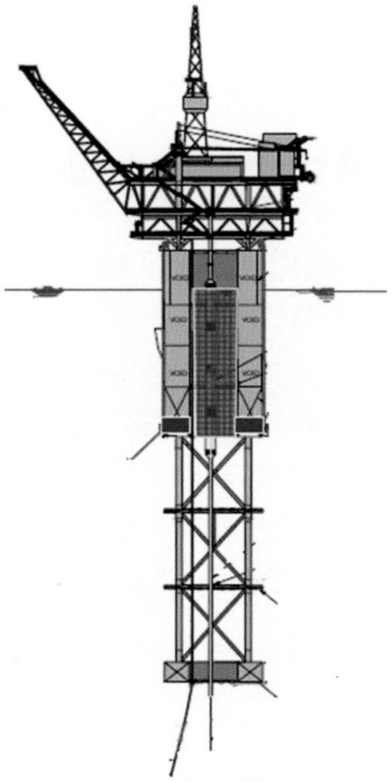

图1-4　SPAR

国、日本、印度尼西亚、新加坡、中国等国家都拥有大型船厂。深水平台的安装需要专业安装船只和装备,如大型运输驳船、拖轮和大型吊装船,另外安装深水平台某些辅助装置如TLP的张力腿,需要专用的机具。

1.1.2　深水油气田开发工程模式

深水油气田开发项目一般包括勘探、油藏地质评价和开发方案选择、工程可行性方案筛选、概念设计及安全经济评价、基本设计、详细设计、建造、安装和调试、投产、废弃等阶段,油气田总体开发策略的确立需要经过建立油藏地质模型、筛选各种油藏开发方案和钻完井方案、研究满足油藏开发方案要求的各种工程模式,以及针对各种可能的方案开展技术、安全和经济性评价,通过综合对比筛选出最优的开发方案,然后进入概念设计和后续的实施阶段,实施阶段一般包括基本设计及后续阶段。

深水油气田开发不同于浅海油气田开发,它具有更高的技术风险和经济风险,一般呈现以下特征:海洋环境恶劣;离岸远;因水深增加而带来的平台负荷增大;平台类型多种多样;钻井难度大和费用高;海上施工难度大、费用高和风险大;油井产量高。

由于上述特点及深水平台的多样性,深水油气田开发工程模式也呈现多种多样的特点,因此深水油气田开发模式面临更多的方案选择,如何确定经济合理的油气田开发工程模式是前期研究阶段的主要内容。

深水油气田开发模式可以根据采油方式不同分为湿式采油、干式采油和干湿组合式三种。干式采油是将采油树置于水面以上甲板,井口作业(包括钻井、固井、完井和修井等)均可在甲板进行,井口布置相对集中,平台甲板为了容纳水上采油树的井槽需要足够大的甲板面积,其大小取决于井数和井间距,上部设备只能布置在井区周围,甲板设置大量的生产管汇和可滑移的钻机/修井机,因此甲板面积需求较大。湿式采油是将采油树置于海底或水中,所有的井口作业(包括钻井、固井、完井和修井等)均需要在水下进行,水下井口分散布置,平台需要设置立管、水下防喷器和水下采油树通过的月池,立管和水下防喷器的操作及存放需要较大的甲板,但管汇集成在水下,钻机/修井机固定,所以甲板面积相对较小。干湿组合式采油是将湿式采油和干式采油联合应用的开发工程模式,如果地质油藏分布呈集中和分散的双重特征,一般需要采用干湿组合式采油。

不同采油方式的实现需要依托不同的工程设施,不同的工程设施与采油方式的结合组成了各种形式的深水油气田开发工程模式,以下重点介绍以常见的 TLP、SPAR、浮式生产储油卸油装置(FPSO)、浮式生产液化装置(FLNG)和半潜式平台为主要工程设施的深水油气开发模式。

1) TLP/SPAR+外输管道开发模式

主要特点:采用干式采油树,可回接水下井口;井口相对集中;预钻井或平台钻井;张紧式刚性生产立管;具有钻/修井设施;原油通过管线外输;建设周期较长。

由于 TLP 没有储油能力,因而生产出来的油气经处理后外输。如果距离海岸较近,可直接外输上岸,否则,可依托附近已建平台、管网或储油设施实现油气外输。

由于 TLP 对上部有效载荷极为敏感,为了减小 TLP 上部的有效载荷,降低 TLP 的造价,该模式的一种新的派生工程模式是"TLP+浮式生产装置+外输管道",该模式的特征与(TLP+外输管线)模式相同,其主要特点是减少 TLP 上的有效载荷。TLP 仅是作为井口平台以及仅保留钻机设施的钻/修井平台,油气处理等均在浮式生产装置上进行,浮式生产装置处理过的油气通过管线送走,平台在钻/修井期间需要钻井供应船来协助,因此平台的有效载荷明显减小,大大缓解了 TLP 对有效载荷敏感的问题。

2) TLP/SPAR+FPSO 开发模式

主要特点:采用干式采油树,可回接水下井口;井口相对集中;预钻井或平台钻井;张紧式刚性生产立管;具有钻/修井设施;FPSO 进行原油处理和储存;穿梭油轮外运原油;仅适用于油田;建设周期较长。

该模式利用 FPSO 进行原油的处理、储存和外输,处理后的原油利用穿梭油轮外运。该种模式只适用于油田,钻/修井设施放在 TLP 上,TLP 仅作为井口和钻/修井平台。

3) FPSO/FLNG 与水下井口联合开发模式

主要特点:井口为预钻井;采用湿式采油树;采用柔性立管;平台有效载荷大;钻/修

井通过钻井船来完成；穿梭油轮外运原油；建设周期短。

该模式采用水下井口,采出的油气通过柔性立管输送到 FPSO/FLNG 进行处理、储存和外输,经过处理后的原油储存在 FPSO/FLNG 内,之后通过穿梭油轮/FLNG 运走。

4) 半潜式平台与水下井口＋外输管线联合开发模式

主要特点：采用湿式采油树；采用柔性立管,也可采用悬链式立管(SCR)；平台有效载荷大,可支持较多的水下井口回接；钻/修井可通过钻井船来完成,也可通过平台钻/修机完成；原油通过管线外输；建设周期居中。

依靠外输管线将油气送走是半潜式平台比较常用的工程开发方案,并且不受水深、产量的制约,挪威的 Troll West 油田、美国的 Na Kika 油田和 Thunder Horse 油田都采用这种方案。

5) 半潜式平台＋FPSO/FSO 与水下井口联合开发模式

主要特点：半潜式平台可以和 FPSO 相结合以完成钻井、生产、处理、存储、外输的任务,钻完井设施和动力系统安装在半潜式平台上,火炬、储油和处理系统放在 FPSO上。我国南海的流花 11 - 1 油田就采用了这种开发模式。

6) 水下井口回接到现有设施工程开发模式

主要特点：钻完井由钻井船完成；水下井口就近回接到现有平台或设施；短距离管线投资相对较高；要考虑和解决流动安全问题；使用钻井船修井；适于现有平台减产的情况。

对于具有油气处理功能的水下系统还要满足：使用遥控控制系统；系统的可靠性。

英国的 Bullwinkle 平台后期开发就是采用水下井口回接到现有设施的做法。水下井口回接到现有设施这种开发模式是在深水油气开发中首先要考虑的模式之一,若可行,它可能是最经济的开发模式。

7) 水下生产系统＋外输管道开发模式

主要特点：水下生产系统＋外输管道开发模式是一种新型的油气田开发模式,一般用于气田开发,电力由陆地终端提供,通过电/光纤系统实施对水下生产的控制,水下采油树采用电/液复合控制,水下生产系统由水下井口和采油树、水下混输泵、水下管汇、水下控制单元、水下控制复合管缆等系统组成。挪威的 Snohvit 气田开发首次采用了该模式。

8) TLP/SPAR＋水下井口＋外输管线开发模式

主要特点：该模式基本与 TLP/SPAR＋外输管线开发模式相似,只是依托 TLP/SPAR 利用水下井口开采平台周边的油气藏。TLP/SPAR 除具备生产处理能力外,还可回接水下井口,因而这种开发模式适合于既有集中井进行干式开采,又有分散水下卫星井进行湿式回接的大型油田的开发。水下井口采出的油气通过海底管道混输到 TLP/SPAR 进行处理,然后利用管线并入管网后外输。

墨西哥湾的 Serrano 油气田和 Oregano 油气田开发采用了水下回接的方法,该油田水深 1 036.3 m,通过水下生产系统回接到位于水深为 859.4 m 的 Auger TLP,

Oregano 油田开采的是原油,Serrano 油田开采的是天然气伴生凝析油。

9) TLP/SPAR＋水下井口＋FPSO 联合开发模式

主要特点:该模式基本与 TLP/SPAR＋FPSO 开发模式相似,只是依托 FPSO,利用水下井口开采平台周边的油气藏,水下井口采出的油气通过海底管道混输到 FPSO 进行处理,利用穿梭油轮进行原油外输。由于 FPSO 本身除具备生产能力外,还可以回接水下井口,因而这种开发模式适合于既有集中井进行干式开采,又有分散水下卫星井进行湿式回接的大型油田的开发。

马来西亚东部 Sabah 海域的 Kikeh 油田采用了 SPAR＋水下井口＋FPSO 联合开发模式,这是马来西亚第一个深水油气开发项目,油田水深 1 330 m,该 FPSO 的日处理能力 12 万桶油、储油能力 150 万桶油。

1.2　深水平台概述

1.2.1　深水平台类型、特点

1) 基本功能及系统构成

浅海油气开发一般采用固定式平台结构,而随着深海油气勘探日益增多,浮式结构获得了越来越多的应用。在深海油气勘探开发活动中,浮式结构主要用于以下油气勘探开发作业:勘探钻井;测井;预钻生产井;早期生产;采油生产;原油储存及外输;修井;平台设施的检测、维修和维护等。

而一座具体的深水平台的功能设计,一般取决于油气田总体开发方案的要求,设计满足上述部分功能或全部功能的需要。深水平台类型主要有 TLP、SPAR、半潜式平台和 FPSO,但从平台功能来看,FPSO 与前 3 种平台相比,其功能存在明显的差别:其一,FPSO 具有原油储存及外输功能,但其他类型深水平台一般不具备或不设置原油储存功能;其二,FPSO 一般不具备或不设置钻/修井功能,而其他几种深水平台一般均设置钻/修井功能。由于 FPSO 与其他平台在功能上有差异,所以平台的结构形态和系统配置均有所不同。在结构形态方面,FPSO 一般为船型结构,而其他深水平台一般为非船型结构,因此在平台系统配置和构成方面与其他深水平台有明显差异。

2) 深水平台类型及特点

(1) TLP

TLP 由上部组块、浮体、张力腿、顶张力井口立管、SCR(外输/输入)和桩基础构成。

浮体的作用是保持足够的浮力使张力腿一直处于拉紧状态,并能支撑上部组块和立管的重量。张力腿的作用是把平台拉紧固定在海底的桩基础上,使平台在环境力作用下的运动控制在允许的范围内。目前已安装的平台使用 6～16 根张力腿,张力腿是空心钢管,直径为 610～1 100 mm,厚度在 20～35 mm。几种不同类型的张力腿已经应用在工程中,包括单一直径和厚度的张力腿、单一直径和不同厚度的张力腿、不同直径和厚度的张力腿。

TLP 有许多优点,主要表现在:第一,平台运动很小,几乎没有竖向移动和转动,整个结构很平稳,平台由张力腿固定于海底;第二,可以使用干式采油树使钻井、完井、修井等作业和井口操作变得简单,且便于维修,由于平台的移动很小,使得可以从平台上直接钻井和直接在甲板上进行采油操作;第三,由于在水面以上进行作业,降低了采油操作费用;第四,简化了 SCR 的连接,平台运动的减少相应地对疲劳的要求降低,这对SCR 的连接起到了很大的帮助;第五,能同时具有顶张力井口立管和 SCR;第六,实践证明其技术成熟,可应用于大型和小型油气田,水深也可从几百米到 2 000 米左右。

TLP 的主要缺点为:第一,对上部结构的重量非常敏感,载重的增加需要排水量的增加,因此又会增加张力腿的预张力和尺寸;第二,没有储油能力,需用管线外输;第三,整个系统刚度较强,对高频波浪动力比较敏感;第四,由于张力腿长度与水深呈线性关系,而张力腿费用较高,水深一般限制在 2 000 米之内。

TLP 有几种结构形式:传统式 TLP、海星式 TLP、MOSES TLP 和伸张式 TLP,后三种形式相对于传统式可统称为新型 TLP。

传统式 TLP,如图 1-5 所示,由 4 个立柱和 4 个连接的浮体组成,立柱的水切面较大,自由浮动时的稳定性较好,并通过张力腿固定于海底。

海星式 TLP,如图 1-6 所示,只有一个立柱,因而易于建造,延伸的立柱臂使横摇及纵摇周期较小,使用的张力腿数量一般只要 6 根,这种结构对上部组块的限制较大,自由漂浮时结构稳定性也很差。

MOSES TLP,如图 1-7 所示,结构由底部一个很大的基座和 4 根柱子组成,张力腿连接到基座上,浮力主要由基座提供。其主要特点是动力反应性能好,效率很高,立柱间距的减小可以降低波浪的挤压作用,减小甲板主梁的跨距,从而减轻甲板重量。缺点是自由漂浮时稳定性受到一定限制。

伸张式 TLP,如图 1-8 所示,是在传统式 TLP 上延长张力腿支撑结构,使结构的动力性能有很大提高,但自由漂浮时稳定性较差。

TLP 的安装技术长期以来一直是工程上的很大挑战。目前传统式 TLP、改进的伸张式 TLP 和改进的 MOSES TLP 可以在没有其他辅助的情况下,将上部结构已安装的平台托到现场组装,从而节省了海上吊装的费用,降低了风险。

(2) SPAR

SPAR 由上部组块、筒式浮体、系泊缆、顶部浮筒式井口立管、SCR(外输/输入)和桩

图 1-5　传统式 TLP

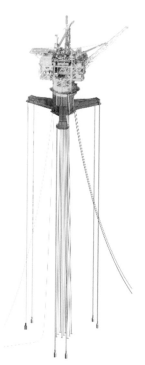

图 1-6　海星式 TLP

图 1-7　MOSES TLP

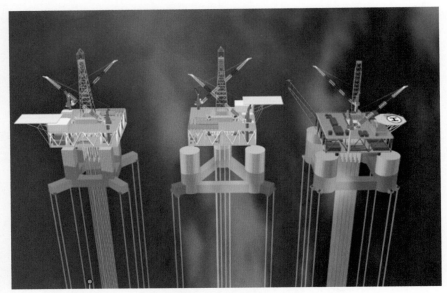

图 1-8 伸张式 TLP

基础构成。浮体的作用是保持足够的浮力能支撑上部组块、系泊缆和 SCR 的重量,并通过底部压载使浮心高于平台重心,形成不倒翁式的浮体特性。系泊缆一般是由锚链+钢缆+锚链构成,其作用是把浮式平台锚泊在海底的桩基础上,使平台在环境力作用下的运动保持在允许的范围内。顶部浮筒式井口立管由自带浮筒支撑。

SPAR 被广泛应用于水深较大的油田,它的主要优点为:第一,可支持水上干式采油树,可直接进行井口作业,便于维修,井口立管可由自成一体的浮筒或顶部液压张力设备支撑;第二,升沉运动和 TLP 相比要大得多,但和半潜式或浮(船)式平台相比仍然很小,平台的重心通常较低,这样运动相对减小,特别是转动;第三,对上部结构的敏感性相对较小,通常上部结构的重量增加会导致主体部分重量的增加,但对锚固系统的影响不敏感;第四,机动性较强,通过调节系泊系统可在一定范围内移动进行钻井,重新定位较容易;第五,对特别深的水域,造价上比 TLP 有明显优势。

SPAR 的主要缺点表现在:第一,井口立管和其支撑的疲劳较严重,由于平台的转动和立管的转动可以是反方向的,立管系统在底部支撑的疲劳是一个主要控制因素;第二,立管浮筒和其支撑的疲劳较严重,立管浮筒和支撑的设计长期以来也是工程上的一项挑战;第三,浮体的涡激振动较大,会引起各部分构件如立管浮筒、立管和系泊缆等的疲劳;第四,由于主体浮筒结构较长,需要平躺制造,安装和运输使用的许多设备会同主体结构发生冲突,造成很多困难,因此建造、运输和安装方案对设计影响很大。

SPAR 目前主要有 3 种形式:传统式、桁架式、蜂窝式,如图 1-9 所示。

传统式 SPAR 的长度通常在 200 m 以上,浮力由上部硬舱提供,中部的软舱起整体连接作用,下部的固定式压载舱主要起到降低重心的作用。

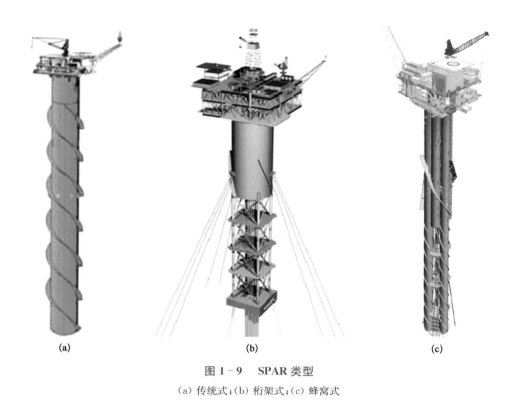

(a)　　　　　　　　　(b)　　　　　　　　　(c)

图 1-9　SPAR 类型

(a) 传统式；(b) 桁架式；(c) 蜂窝式

　　桁架式 SPAR 的上部浮力系统和下部压载系统与传统式相似,中部软舱由框架取代。这样不仅减少了钢结构重量,同时也减少了水流阻力,对锚固系统的设计提供了帮助,所以框架式 SPAR 目前已取代了传统式 SPAR,被广泛使用。近几年新建的 SPAR 全为桁架式。

　　蜂窝式 SPAR 是由几个直径较小的筒体(直径约 6~7 m)组成一个大的立柱来支撑上部结构,其主要优点是可以采用制造常规导管架的制管工艺进行筒体的制造,极大地简化了 SPAR 的建造,缩短了建造周期。世界上第一个蜂窝式 SPAR 已于 2004 年建成投产。

　　(3) 半潜式平台

　　半潜式平台由上部组块、浮体、系泊系统、SCR(外输/输入)和桩基础构成,如图 1-10 所示。浮体的作用是保持足够的浮力以支撑上部组块、系泊系统和立管的重量。系泊系统把浮式平台锚泊在海底的桩基础或锚上,使平台在环境力作用下的运动保持在允许的范围内。

　　半潜式平台长期以来被用在钻井和采油中,是一种比较成熟的技术。半潜式平台甲板提供钻/修井、生产和生活等多种功能,平台工作时为半潜状态,浮体没于水面以下部分提供主要浮力,而且受波浪的扰动力较小。由于它具有较小的水线面面积,整个平台在波浪中的运动响应较小,因而具有较好的运动性能。

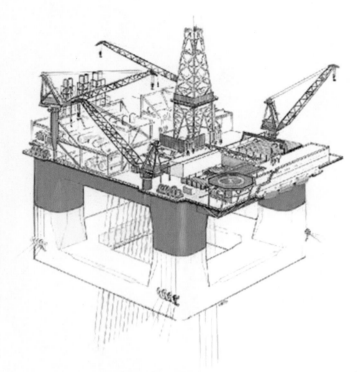

图 1-10　半潜式平台

半潜式平台具有以下特点：第一，扩展式锚固，不需要特殊转塔锚固系统；第二，大部分用于生产的半潜式平台是由钻井平台改造而成，极少数是新造的；第三，半潜式平台相对 FPSO 而言比较稳定，运动较小；第四，初始投资小；第五，易于连接 SCR。

半潜式平台的主要缺点在于：第一，需采用水下湿式井口，不易进行井口操作和维修；第二，当需要对油井直接操作时，费用可能会很高；第三，大部分没有储油能力，需用管线外输。近年来，随着油气田开发水深的急速增加，使用半潜式平台的趋势又有回升。

（4）FPSO

FPSO 一般包括 4 个主要部分：具备储油功能的船体、定位系统（单点/多点系泊或动力定位系统）、原油输入和输出立管系统、上部生产处理设施。而其他浮式平台系统一般包括 5 个主要部分：船体及甲板结构、定位系统、原油输入和输出立管系统、上部生产处理设施系统、钻井/修井/生产钢质立管和钻/修机系统。

FPSO 被广泛应用于浅海和深海油田的开发，作为一种很成熟的技术，它有许多优点：第一，建造周期快；第二，由于可以用旧船体改装而成，最初投资可能会比较低；第三，有储油能力；第四，用于边远油田，可直接输送原油。它的缺点是：第一，只能用于储藏原油；第二，没有直接操作海底油井的可能；第三，油井直接操作的花费可能很高；第四,如果需要转塔系泊系统的话,费用会增加很多。

FPSO 与水下生产设施相结合是一种常见的深水油气田开发模式,随着开采水深的进一步加深,国际上对水下设施的研发在不断加强,目前常见的水下设施有水下采油树、水下管汇和水下分离装置等。水下设施对处理小型油气田和分散分布的油藏构造具有相当的灵活性和经济优势。水下设施通常与半潜式平台和 FPSO 相结合构成深海油气田开发的工程模式,它也可以和 TLP 或 SPAR 相结合,用于开发主平台周边的边际油气田,它可以把与平台井口间距相比远得多的周边井口用水下管汇连接汇合起来,减少输往平台的立管数量。水下设施的缺点主要是井口操作维修的难度大、费用高,且其输送保障的风险比采用水上干式采油要大。

1.2.2 深水平台选型原则

1)油气田开发条件和要求

选择深水油气田开发工程模式的影响因素很多,但归纳起来主要体现在 3 个方面:一是油气田开发条件和要求;二是各式深水平台的特点;三是平台功能要求。

油气田开发模式及其生产设施首先必须满足油田开发的条件和要求,这方面的因素主要包括:油气藏特征——油气藏的集中或分散、油气藏以油为主还是以气为主均是油气田开发模式的首要考虑因素,集中的油气藏一般采用丛式开发井方式,分散的油气藏可考虑水下井口回接方式;原油储存和外输方式,气田开发更适合采用水下井口开发方式。

2)油气产量

可采油气量决定生产设施的规模,小的可采油气量可能会采用水下设施回接到附近平台上的工程模式,边际油气田可能会采用迷你型低成本的平台来开发,大型油气田可能会采用 TLP 或 SPAR 或半潜式平台+外输管线或 FPSO 模式来开发。

3)水文环境条件

水文环境条件决定一些深水平台类型的选用,恶劣的环境会引起深水平台的运动响应过大。

4)水深

水深直接影响平台类型的选择,直接影响到平台的技术可行性和工程费用,同时对系泊和立管系统的选择有重要影响。

5)油气田离岸距离

油气田离岸距离的远近影响到总体开发方式,离岸近可考虑采用海底管道外输上岸方式开发,离岸远可考虑全海式开发方式,利用 FPSO 或浮式储油装置(FSU)进行原油储存和外输。

6)有无现有依托设施

充分利用海上现有工程设施是最有经济效益的开发模式,如果具有依托条件,应优先考虑依托开发模式。

7) 开发井布置及数量

开发井的布置模式(分布式或丛式)将影响开发工程的钻井和工程设施的方案,距离较远的分布式油藏构造可考虑采用水下井口设施开发,井数较多的丛式开发井布置可采用干式采油平台(如 TLP 或 SPAR)开发,开发井的数量会影响平台的规模。

8) 修井作业频率

修井作业频率高时一般采用干式采油树,修井作业频率低时一般采用湿式采油树,干式采油和湿式采油会影响平台的选型和平台设施的配置。

9) 作业人员的安全风险

作业人员安全风险随模式不同而有所差异,不同的平台形式会因其结构响应和水动力响应的不同而导致安全风险的差别,良好的平台设计应具备适当的完整稳性和破损稳性的冗余度、足够的疲劳强度、性能良好的结构韧性。

依据上述各因素对项目安全、费用和计划上的综合评估结果确定深海油气田开发工程方案。

1.2.3 各式深水平台的应用特点与选型

深水平台是深水油气田开发方案中最主要的设施,在确定总体方案后,应依据各类平台的特点和适应性,选择合理的平台类型,表 1-1 给出各型深水平台的特点,供选择平台类型时参考。

表 1-1 各式深水平台的特点

平台类型	TLP	SPAR	FPSO	半潜式平台
采油树类型	干式,可回接湿式	干式,可回接湿式	湿式	湿式
钻/修井能力	有(受限)	有(可偏移钻井)	无	有
井口数量	多	受限	多	多
甲板布置	较易	较难	易	较易
上部重量	受限(敏感)	中等	高	中等
储油能力	无	可能	有	无
外输形式	管线	管线	油轮	管线
早期生产	不可以	不可以	可以	可以
适应水深范围	600～2 000 m	500～3 000 m	20～3 000 m	30～3 000 m
运动性能	稳定	比较好	中等	中等
可迁移性	困难	中等	容易	容易
立管形式	顶张紧式立管(TTR)/SCR	TTR/SCR	柔性管/SCR	柔性管/SCR
定位方式	张力腿(面积小)	锚泊(面积大)	锚泊(面积大)	锚泊(面积大)

为实现钻井、生产和外输等作业要求,深水平台一般需要满足以下要求:

① 足够的甲板面积、承载能力、油和水储存能力;

② 在环境载荷作用下具有可接受的运动响应;

③ 足够的稳性;

④ 能够抵御极端环境条件的结构强度;

⑤ 具有抵御疲劳损伤的结构自振周期;

⑥ 有时需要适应平台多功能的组合;

⑦ 可运输和安装。

没有哪种平台能够提供上述所有要求的最优功能,所以每个油气田开发项目需要根据油气田的具体情况,从各种类型的浮式结构中筛选出较为优化的平台类型,因为上述要求有些是互相矛盾的,比如稳性优异的平台可能导致过大波浪运动。因此为了解决上述矛盾,海洋石油工业开发了各种类型的深水平台概念,这些概念呈现出不同的特点,表现出不同的优势和不足。

1.2.4　深水油气田开发工程模式的选择方法

无论选择何种开发工程模式均必须符合上述的油气田开发条件和要求,表 1－2 是基于油气田离岸距离、开发井布置方式和修井作业频率等方面提出开发工程模式选择指南。

表 1－2　深水油气田开发工程模式的选择

距岸或其他油田设施的距离	开发井布置方式	修井作业频率	开 发 工 程 模 式
短	丛　式	低	半潜式平台＋水下设施＋外输管线
			SWP＋水下设施＋外输管线
			FPSO＋水下设施
		高	TLP＋外输管线
			SPAR＋外输管线
			半潜式平台＋Mini－TLP＋外输管线
			半潜式平台＋水下设施＋外输管线
			SWP＋Mini－TLP＋外输管线
			FPSO＋Mini－TLP
	分布式	低	半潜式平台＋水下设施＋外输管线
			SWP＋水下设施＋外输管线
			FPSO＋水下设施
		高	半潜式平台＋Mini－TLP＋外输管线
			SWP＋Mini－TLP＋外输管线
			FPSO＋Mini－TLP

（续表）

距岸或其他油田设施的距离	开发井布置方式	修井作业频率	开 发 工 程 模 式
长	丛式	低	FPSO+水下设施
			SPAR+水下设施+OLS
			半潜式平台+水下设施+FSU 或 DTL
		高	TLP+FSU 或 DTL
			SPAR+OLS
			FPSO+Mini-TLP
			半潜式平台+水下设施+FSU 或 DTL
	分布式	低	FPSO+水下设施
			半潜式平台+水下设施+FSU 或 DTL
			SPAR+水下设施+OLS
		高	FPSO+Mini-TLP
			SPAR+Mini-TLP+OLS

注：OLS，海上外输装载系统；DTL，直接油船装载；SWP，浅水平台。

综上所述，深水油气总体开发方案的选择需要考虑的因素有油藏规模、油品性质、钻/完井方式、井口数量、开采速度、采油方式（干式/湿式）、原油外输（外运）方式、油气田水深、海洋环境、工程地质条件、现有可依托设施情况、离岸距离、施工建造和海上安装能力、地方法规、公司偏好和经济指标等。深水油气总体开发方案的确定需要综合考虑上述各种因素，同时还要考虑技术上的可行性，最大限度地降低技术和经济上的风险，使得油气田在整个生命周期内都能经济有效地开发，如取得最大的净现值、最大的内部收益率和最短的投资回收期等。

1.3 深水平台关键技术

深水平台关键技术包括设计、建造和安装技术。深水浮式平台的设计基于深水油气田开发的基础数据，如油田规模、年产量、日产量、设备处理能力、平台功能等，另外环境参数和场地地质参数也是平台设计所必需的基础参数。深水平台的设计是一个不断修改和优化过程，其中平台的总体设计是平台设计最关键的环节，在该阶段要确定平台的总尺度、结构尺寸、基本特性，以及建造和安装的投资估算，并为立管、海管系统的设计提供依据。深水平台是一个复杂的结构和设备系统,总体方案设计要依据油气田基本参数(以此设计立管、海管)、海洋环境参数和工程地质条件,考虑多种工况。首先估算浮体的总体设计,在总体设计完成后再进行结构设计,在这个过程中要涉及几千个总体和结构尺寸的确定、立管系统设计、压载系统设计、系泊系统设计,以及结构重量、主辅设备的重量估算。

深水平台在完成总体设计后,其功能和性能能否满足设计要求,需要通过数值分析及水池模型试验进行验证,并根据验证结果对平台的设计进行优化。

深水平台的总体性能分析包括运动性能分析和稳性分析,另外还要考虑平台在极端工况的气隙和波浪砰击、爬升、上浪等问题。平台性能分析应当考虑平台拖航、安装和在位等工况,同时还要考虑操作和生存等环境条件。环境条件和各种工况构成的分析工况应涵盖平台所有状态。深水平台是一种大型海洋工程结构,其结构和疲劳强度关系到平台系统的安全,因此在完成平台结构设计后必须对平台的结构和疲劳强度进行分析评估。深水平台结构复杂,存在许多关键节点,局部强度的分析必须考虑到平台所有可能出现应力集中的局部结构,通过分析检查平台结构应力分布情况,合理设计各个局部结构,使平台结构应力分析均匀合理。平台的总体性能和结构分析应采用海工专业软件,平台的设计和验证应依据或参照设计规范开展。

深水平台的水池模型试验是验证平台性能的有效手段,只有通过数值模拟和水池试验相互参验才能充分了解和认识平台的总体性能,对设计的合理性有准确的判断。平台水池模型试验采用一定的缩尺比试验模型,试验可以考虑平台的主要工况,试验所获得的结果根据相似原理,可以还原成实际尺度平台的性能试验结果,与数值模拟结果进行对比,以验证数值模拟的合理性。目前国内已形成深水平台的水池模型试验技术,可为深水平台的水池模型试验提供支持。

深水平台的建造和安装涉及建造总体方案、建造精度控制,以及高强度的焊接技术。深水平台的安装涉及平台的出坞、干拖/湿拖、海上安装,安装设计的合理性直接影响安装成本。安装分析需要考虑平台安装所有可能出现的工况,以保证深水平台海上安装操作的顺利实施。

1.4 新型深水平台技术

各类深水平台的应用形成了多种深水油气田开发工程模式,一个油气田开发模式的采用取决于多种因素。由于深水油气田油藏规模、离岸距离、油品特性等因素的差异对油气田开发工程设施提出不同要求,每一个深水油气田的开发都有各自特点,因此目前四类传统的深水平台还不能完全满足深水油气田开发工程的需要。

我国南海深水油气田开发尚处在早期。南海海洋环境恶劣,深水油气田离岸距离远,没有依托设施,开发一种能满足干式采油,带有钻井、储油功能的浮式生产装置对于南海深水油气田的开发有重要的现实意义。

基于深水油气田开发新的需求,近年来国内外相关海工设计公司对新型多功能深水平台技术进行了研究,提出了许多新型深水平台概念。为配合南海深水油气田开发需要,以及近期深水油气田开发目标,国内通过吸收国外新型深水平台创新技术,结合自己的特殊需要,提出了两类新型深水平台概念,为南海深水油气田开发做了充分的技术储备。

1.4.1 国外新型深水平台发展概况

在四类传统的深水平台中半潜式平台由于运动性能的限制无法实现干式采油,而且大的垂荡、纵/横荡运动对输油立管设计提出更高的要求,但半潜式平台结构简单,建造、安装成本低,适应水深范围广,发展新型半潜式平台、改善平台运动性能、实现平台的多功能是新型深水平台的一个发展趋势。国外基于该创新理念提出了一系列新型半潜式平台概念,并进行了大量的数值分析和试验研究,已取得了一定的进展。以下几种新概念较为成熟,有一定推广价值。

1) 桁架式半潜式平台

桁架式半潜式平台是美国 FloaTEC 公司提出的一种深吃水干式采油树半潜式平台,该平台利用垂荡板来增加附加质量,改善垂荡运动幅值。不同于 Cermelli 等人提出的在平台立柱底部添加垂荡板改善平台垂向运动,桁架式半潜式平台的垂荡板设置在中央井下方,这样可以起到支撑立管的作用。垂荡板通过桁架与主体连接,根据设计需要,可以设置多层垂荡板,如图 1-11 所示,平台主尺度见表 1-3。

表 1-3 桁架式半潜式平台主尺度

主 尺 度	数 值
立柱中心间距	45.7 m
立柱尺寸(长×宽)	15.24 m×15.24 m
立柱吃水	22.0 m
干舷	21.3 m
下浮体尺寸(宽×高)	9.1 m×12.8 m
垂荡板尺度	61.0 m×42.7 m
垂荡板间距	33.4 m

图 1-11 桁架式半潜式平台

桁架式半潜式平台的主体和桁架可以由不同船厂分别建造,与 SPAR 不同的是上船体可以在码头进行拼接。对于平行双下浮体形式,垂荡板和桁架结构可以在作业处通过工程船安装;对于环形下浮体形式,最好在坞内拼接。

2) 半潜式干树采油平台

Technip-Coflexip 公司的半潜式干树采油平台(图 1-12)是深吃水半潜式平台和自升式平台的混合体,由上部箱型甲板、3 根或 4 根立柱(由压载情况决定)和下部浮筒三部分组成。半潜式干树采油平台的独特之处是立柱穿透甲板,在安装、运输和调试阶段,下浮体可收缩至上船体下方。这样,平台的甲板空间和可变载荷大,以供支撑钻井、生产、采油立管和外输立管之用。与 SPAR 相比,半潜式干树采油平台的垂荡运动与其相似,横摇和纵摇运动幅度更小,而且 SPAR 几乎所有立管方面的技术也都适用于半潜式干树采油平台。抑制半潜式干树采油平台垂荡的浮筒允许在码头拼接,以便于提升甲板到立柱顶部进行安装。平台吃水和湿拖对码头水深要求很小,这样对船坞的可选性就较多。对于其施工能力,应用现有类似齿轮传动和锁止装置技术,甲板可以通过传统的系泊线进行提升。半潜式干树采油平台可在超过 3 000 m 水深的海域工作,也可用在边际油田进行短期服务。

(a)   (b)

图 1 - 12　半潜式干树采油平台

（a）三立柱半潜式干树采油平台；（b）四立柱半潜式干树采油平台

1.4.2　国内新型深水平台发展概况

1）新型半潜式干树生产平台

半潜式平台的船体结构与 TLP 类似，但两者采用不同的系泊方式，导致运动性能存在较大差异。TLP 采用张力腿系泊，在垂直方向刚度大，垂荡幅值小，可以用来干式采油。而半潜式平台采用多点系泊，在垂向的系泊刚度远小于 TLP，因而无法满足干式采油的要求。新型半潜式干树生产平台的设计出发点就是改进平台结构，将平台的垂荡运动幅值降低到一定范围内，而达到干式采油的要求，一般做法是增加垂荡板。带垂荡板的半潜式平台设计的关键技术主要包括总体设计和垂荡板安装设计。

中海油研究总院有限责任公司深水工程重点实验室研发人员针对南海 1 500 m 深水油气田开发，开展了新型半潜式干树生产平台技术研究，完成了平台的概念方案设计，如图 1 - 13 所示，平台的主尺度见表 1 - 4。

新型半潜式干树生产平台的运动性能取决于多种因素，相关的主要因素包括浮体外形、浮体尺度、垂荡板尺寸。为验证平台的运动性能，采用数值分析和水池模型试验对平台的运动性能进行了研究。

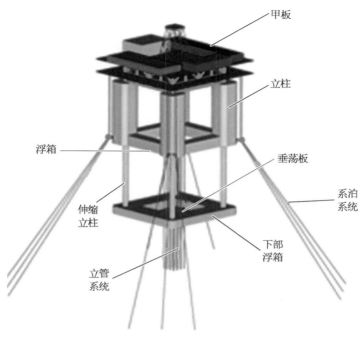

甲板

立柱

浮箱

垂荡板

伸缩
立柱

系泊
系统

立管
系统

下部
浮箱

图 1-13　新型半潜式干树生产平台

表 1-4　新型半潜式干树生产平台的主尺度

参　　　数	实　际　值
平台总高	175.5 m
平台总长	81.2 m
平台总宽	81.2 m
吃水	80.0 m
作业载况排水量	90 930 Mt
上部浮箱高度	8.6 m
上部浮箱宽度	15.0 m
下部浮箱高度	2.0 m
下部浮箱宽度	20.6 m

平台运动性能的分析采用南海 1 年重现期的台风条件与 100 年重现期的台风条件,环境参数见表 1-5。

表 1-5　环境参数

参　　　数	生存工况	作业工况	拖航/安装工况
有义波高/m	13.8	7.0	4.4
谱峰周期/s	16.1	12.1	10.0

（续表）

参　　　数	生存工况	作业工况	拖航/安装工况
1 min 平均风速/(m/s)	51.5	33.2	20.0
流速（水线面处）/(m/s)	1.79	0.73	—

　　基于上述环境条件，采用数值分析方法，建立水动力模型，对平台进行水动力分析，计算结果表明平台的运动性能满足设计要求。

　　水池模型试验也验证了平台的运动性能能够满足设计要求，图 1－14、图 1－15 给出了数值分析与水池试验结果的对比。

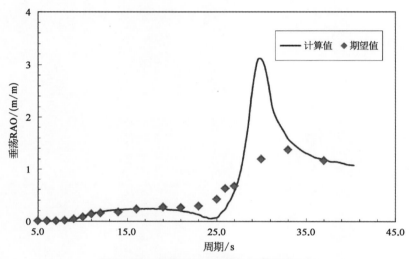

图 1－14　垂荡 RAO(幅值响应算子)对比

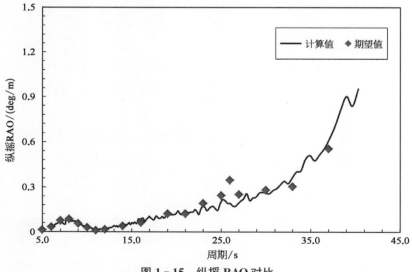

图 1－15　纵摇 RAO 对比

新型半潜式干树生产平台概念的研发是针对南海深水环境条件的,从提高平台安全性、降低工程综合成本、保障平台稳性、改善平台运动性能出发,根据设定的目标,通过研究,突破了新型半潜式干树生产平台总体设计技术,开发完成了新型深水平台概念。

半潜式干树生产平台概念的研发随着深水油气田开发需要,不断更新技术,产生新的概念。新型半潜式干树生产平台概念解决了半潜式平台干式采油问题,但深水油气田的开发需要半潜式干树生产平台能够增加储油功能,从而实现平台钻井、生产、储油和卸油的一体化集成。陵水 17 - 2 气田是位于南海的大型气田,天然生产过程产生的凝析油储存与外输为气田开发工程方案提出了新的要求。为适应半潜式平台储油的需要,要对半潜式平台的设计增加储油功能,这就需要改进半潜式平台的总体设计,另外总体设计还需考虑储存货油的外输。合理设计船体结构,使其满足储油要求,并且保证作业安全是储油半潜式平台设计的关键技术。

2）新型多功能八角形储油平台

新型多功能八角形储油平台概念的研发解决了半潜式平台的储油问题,但由于船型因素,半潜式平台储油量受到限制,为减小船体用钢量,一般设计储油量在 5 万 m^3 以下。为实现浮式生产设施钻井、干式采油、生产处理、储油和卸油一体化集成,开发了一种新型多功能八角形储油平台。该平台八角形浮体中间开月池,用于安装钻井和生产立管,月池周围的储油舱可以储油,浮体下部设置垂荡板可有效降低平台的垂荡幅值,使平台的运动性能满足干式采油的要求,图 1 - 16 所示为平台总体方案图。

新型多功能八角形储油平台是一种集钻井、干式采油、生产处理、储油与外输功能于一体的可移动浮式装置,可用于深水油气田的开发。根据南海深水油气田处于开发初期、油田离岸距离远、无依托设施及环境条件恶劣等特点,该平台可用于深水油气田的早期开发生产或无依托独立开发的油田。该设施在 2 000 m 水深以下钻井作业采用锚泊定位,在完成钻完井作业后,采用锚泊系统系泊进行油田的生产。

新型多功能八角形储油平台用于油田的生产,开发生产模式采用 TTR 将从井口采集到原油通过平台管汇输送到平台处理设施进行处理。平台在生产期间采用锚泊定位,其系泊系统能抵御一年一遇的操作条件和 100 年重现期的生存环境条件,在生产期间不解脱。新型多功能八角形储油平台装置便于搬迁,可重复使用。

以南海某油田为目标,确定新型多功能八角形储油平台的主要技术指标包括:

① 适应我国南海海域作业环境;

② 作业水深:2 000 m 以内,钻井深度:10 000 m;

③ 原油储存能力为 10×10^4 m^3;

④ 原油处理能力 6 100 m^3/d,年处理量 200 万 m^3。

新型多功能八角形储油平台上部设施包括两层甲板,主甲板布置钻井设备、钻井辅

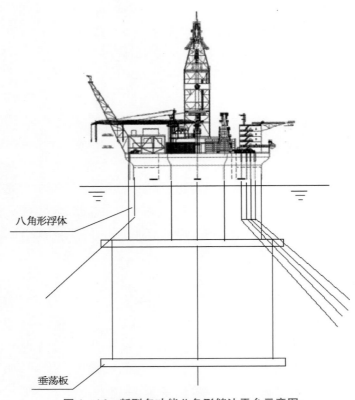

八角形浮体

垂荡板

图 1-16　新型多功能八角形储油平台示意图

助设备、生活楼(可容纳 140 人),生活楼的设计依据相应规范执行;直升机甲板位于生活楼顶上。

该平台在生产甲板布置有电站、热站、油气处理设备、水处理设备、公用设施、井流接收设备、火炬、吊机、救生艇、多点系泊设施等。

考虑到需要将舱内已处理的原油外输,还应布置原油外输装置。

根据新型多功能八角形储油平台的主要技术指标,通过总体规划,确定了平台的总体尺度,完成了平台的概念方案设计,并对其总体性能进行了初步分析,计算结果表明总体设计基本满足设计要求。

南海深水油气田处在开发初期,深水油气田开发离岸距离远,无设施可以依托。另外,世界范围内原油价格低迷,急需开发新型多功能深水平台,以降低油气田开发成本。半潜式平台由于船型简单、建造和安装成本低,在各类深水平台应用中有一定优势,通过改进半潜式平台船型结构,增加垂荡板,从而改善了平台运动性能,使其满足了干式采油的要求,在此基础又增加了储油功能,形成了新型半潜式干树储油平台,使深水油气田开发工程模式增加了新的选择;对于大型油田的开发,半潜式干树储油平台的储油量限制了该型平台的使用,基于此需求,开发的新型多功能八角形储油平台实现了钻井、干式采油、生产处理、储油与外输等多重需求,可以实现一座浮式生产装置开发一个油田。

在国内,近年来已研发出多种新型深水平台概念,新型深水平台概念从推广到应用是一个长期的过程,需要依据目标深水油气田不断优化设计,使建造、安装技术可行、可靠,体现出经济性优势,从而达到过程应用的目的。

第 2 章　典型深水平台设计技术

典型的深水平台包括 TLP、SPAR 和半潜式平台,深水平台设计依据设计基础参数,包括油藏参数、年处理量、平台功能要求,以及海洋环境和地质条件。本章叙述了深水平台设计所依据的设计基础与规范、深水平台总体设计原理和方法,以及结构设计原理和方法,并介绍了典型深水平台设计规划软件在典型深水平台设计时的应用。

2.1 设计基础与规范

2.1.1 设计规范

在设计深水平台时应遵循以下主要法律、法规、规范。

1) 国家法律法规

①《中华人民共和国环境保护法》;

②《中华人民共和国海洋环境保护法》;

③《中华人民共和国海洋石油勘探开发环境保护管理条例》;

④《铺设海底电缆管道管理规定》;

⑤《国务院关于环境保护若干问题的决定》;

⑥《中华人民共和国海洋石油勘探开发环境保护管理条例实施办法》;

⑦《海洋石油安全生产管理规定》;

⑧《海上油(气)生产设施安全调查和技术监督》;

⑨《海洋石油作业性及放射爆炸性物质安全管理规则》;

⑩《海上移动式钻井平台和油(气)生产设施一般安全管理规则》;

⑪《海上固定平台安全规则》。

2) 浮体、结构

① API - RP - 2FPS, Planning, Designing, and Constructing Floating Production Systems;

② API RP 2T, Recommended Practice for Planning, Designing and Constructing Tension Leg Platform;

③ API RP 2A, Recommended Practice for Planning, Designing, and Constructing Fixed Offshore Platforms - Working Stress Design;

④ API BULL 2U, Bulletin on Stability Design of Cylindrical Shells;

⑤ API BULL 2V, Design of Flat Plate Structures;

⑥ AWS D1. 1/D1. 1M，Structural Welding Code；

⑦ DNV RP－C203，Fatigue Design of Offshore Steel Structures.

3）工艺与公用系统

① API RP 14C，Recommended Practice for Analysis，Design，Installation，and Testing of Basic Surface Safety Systems for Offshore Production Platforms；

② API RP 14E，Recommended Practice for Design and Installation of Offshore Production Platform Piping systems；

③ API RP 521，Guide for Pressure Relief and Depressurizing Systems.

4）钻机

① API Spec 4F，Specification for Drilling & Well-serving Structure；

② API Spec 7，Specification for Rotary Drill Stem Element；

③ API Spec 8A，Specification for Drilling & Production Hoisting Equipment；

④ API Spec 8C，Specification for Drilling & Production Hoisting Equipment（PSL1 and PSL2）.

5）机械设备

① API 2C，Specification for Offshore crane；

② API 610，Centrifugal Pump for General Refinery Services；

③ API Std 617，Centrifugal Compressors for General Refinery Service；

④ API Std 618，Reciprocating Compressors for General Refinery Services；

⑤ API 619，Rotary-Type Positive Displacement Compressors for General Refinery Services；

⑥ API Std 674，Positive Displacement Pumps-Reciprocating；

⑦ API Std 675，Positive Displacement Pumps-Controlled Volume；

⑧ APJ Std 676，Positive Displacement Pumps-Rotary；

⑨ NFPA 20，Standard for the Installation of Centrifugal Fire Pump；

⑩ SOLAS，International Convention for the Safety of Life at Sea；

⑪ ISO 3046，Reciprocal Internal Combustion Engines-Performance：International Standards Organization；

⑫ TEMA Standards of Tubular Exchanger Manufacturers Association；

⑬ API Std 660，Shell-and-Tube Heat Exchangers for General Refinery Services；

⑭ API Std 661，Air-Cooled Heat Exchangers for General Refinery Services；

⑮ API Std 662，Plate Heat Exchanger for General Refinery Services；

⑯ API RP 530，Calculation of Heater Tube Thickness in Petroleum Refineries；

⑰ API 620，Design and Construction of Large，Welded，Low-Pressure Storage Tanks；

⑱ API Std 650，Welded Steel Tanks for Oil Storage；

⑲ API Std 2000，Venting Atmospheric and Low-Pressure Storage Tanks；

⑳ API Spec 12F，Shop Welded Tanks for Storage of Production Liquids；

㉑ ASME Sec Ⅱ，Material Specification，Part A-Ferrous Material；

㉒ ASME Sec Ⅴ，Non-Destructive Examination；

㉓ ASME Sec Ⅶ，Unfired Pressure Vessels；

㉔ ASME Sec Ⅷ，Pressure Vessels，Division 1/2；

㉕ ASME Sec Ⅸ，Welding and Brazing Qualifications；

㉖ ASTM American Society for Testing and Materials；

㉗ ISO/DIS 15138，Petroleum and Natural Gas Industries-Offshore Production Installations-Heating，Ventilation and Air-Conditioning；

㉘ ANSI/ASHRAE 15，Safety Code for Mechanical Refrigeration；

㉙ ANSI/ASHRAE 26，Mechanical Refrigeration and Air-Condition Installations Aboard Ship；

㉚ ANSI/NFPA 90A，Installation of Air Conditioning and Ventilation Systems；

㉛ ANSI/NFPA 90B，Installation of Warm Air Heating and Air Condition Systems.

6）总图

①《海上固定平台安全规则》；

②《小型航空器商业运输运营人运行合格审定规则》；

③ Q/HS 4023—2011《海洋石油直升机甲板起降规范》。

7）配管

① ASME B16.5，Pipe Flanges and Flanged Fittings NPS 1/2 Through NPS 24 Metric/Standard；

② ASME B31.3，Process Piping；

③ ASME B36.10M，Welded and Seamless Wrought Steel Pipe；

④ ASME B36.19M，Stainless Steel Pipe；

⑤ API RP 14E，Recommended Practice for Design and Installation of Offshore Production Platform Piping Systems；

⑥ API Spec 6A，Specification for Wellhead and Christmas Tree Equipment.

8）电气

① API RP 14F，Design，Installation，and Maintenance of Electrical Systems for Fixed and Floating Offshore Petroleum Facilities for Unclassified and Class 1，Division 1 and Division 2 Locations；

② API RP 14FZ，Recommended Practice for Design and Installation of Electrical Systems for Fixed and Floating Offshore Petroleum Facilities for Unclassified and

Class Ⅰ, Zone 0, Zone 1 and Zone 2 Locations；

③ API RP 2T，Recommended Practice for Planning，Designing and Constructing Tension Leg Platform；

④ IEC 60092，Electrical Installations in Ships；

⑤ IEC 61892，Mobile and Fixed Offshore Units — Electrical Installations；

⑥ DNV OS‑D201，Electrical Installations；

⑦ GB 50058《爆炸和火灾危险环境电力装置设计规范》；

⑧ GB 50060《3—110 kV 高压配电装置设计规范》；

⑨ GB 50054《低压配电设计规范》。

9）水、消防与安全

① Q/HS 4023—2011《海洋石油直升机甲板起降规范》；

② GB 50370—2005《气体灭火系统设计规范》；

③ International Convention for the Safety of Life at Sea (SOLAS)；

④ Life-Saving Appliances Code (LSA)；

⑤ International Code for Fire Safety Systems (FSS)；

⑥ API RP 2L，Recommended Practice for Planning，Designing，and Constructing Heliports for Fixed Offshore Platforms；

⑦ API RP 14C，Recommended Practice for Analysis，Design，Installation and Testing of Basic Surface Safety Systems for Offshore Production Platforms；

⑧ API RP 14F，Design，Installation，and Maintenance of Electrical Systems for Fixed and Floating Offshore Petroleum Facilities for Unclassified and Class 1，Division 1，and Division 2 Locations；

⑨ API RP 14G，Recommended Practice for Fire Prevention and Control on Fixed Open-type Offshore Production Platforms；

⑩ API RP 505，Recommended Practice for Classification of Locations for Electrical Installations at Petroleum Facilities Classified as Class Ⅰ, Zone 0，Zone 1 and Zone 2；

⑪ API RP 520，Sizing，Selection and Installation of Pressure-Relieving Devices in Refineries；

⑫ API RP 521，Pressure-relieving and Depressuring Systems；

⑬ API RP 750，Recommended Practice for Management of Process Hazards；

⑭ API 2218，Fireproofing Practices in Petroleum and Petrochemical Processing Plants；

⑮ NFPA 10，Portable Fire Extinguishers；

⑯ NFPA 11，Standard for Low，Medium and High Expansion Foam；

⑰ NFPA 13，Standard for the Installation of Sprinklers Systems；

⑱ NFPA 14，Standard for the Installation of Standpipe and Hose Systems；

⑲ NFPA 15，Standard for Water Spray Fixed Systems for Fire Protection；

⑳ NFPA 16，Standard for the Installation of Foam-Water Sprinkler and Foam-Water Spray Systems；

㉑ NFPA 17A，Standard on Wet Chemical Extinguishing Systems；

㉒ NFPA 20，Standard for the Installation of Stationary Pumps for Fire；

㉓ NFPA 72，National Fire Alarm and Signaling Code；

㉔ NFPA 96，Standard for Ventilation Control and Fire Protection of Commercial Cooking Operations；

㉕ NFPA 30，Flammable and Combustible Liquids Code；

㉖ NFPA 497，Recommended Practice for the Classification of Flammable Liquids，Gases，or Vapors and of Hazardous（Classified）Locations for Electrical Installations in Chemical Process Areas；

㉗ NFPA 750，Standard on Water Mist Fire Protection Systems；

㉘ NFPA 2001，Clean Agent Fire Extinguishing Systems；

㉙ ISO 13702，Petroleum and Natural Gas Industries Control and Mitigation of Fires and Explosions on Offshore Production Installations — Requirements and Guidelines；

㉚ ISO 17631，Ships and Marine Technology — Shipboard Plans for Fire Protection，Lifesaving Appliances and Means of Escape.

10）仪表和自动控制

①《海上固定平台安全规则》；

② ISA RP 55.1，Hardware Testing of Digital Process Computers；

③ ISA 5.1，Instrumentation Symbols and Identification；

④ ISA 5.2，Binary Logic Diagrams for Process Operations；

⑤ ISA 5.3，Graphic Symbols for Distributed Control/Shared Display Instrumentation，Logic and Computer Systems；

⑥ ISA 51.1，Process Instrument Terminology；

⑦ API RP 14C，Recommended Practice for Analysis，Design，Installation，and Testing of Basic Surface Safety Systems for Offshore Production Platforms；

⑧ API RP 14F，Recommended Practice for Design and Installation of Electrical Systems for Fixed and Floating Offshore Petroleum Facilities for Unclassified and Class Ⅰ，Division 1 and 2 Locations；

⑨ API RP 14J，Recommended Practice for Design and Hazard Analysis for Offshore Production Facilities；

⑩ API RP 505，Recommended Practice for Classification of Locations for Electrical Installations at Petroleum Facilities Classified as Class I，Zone 1 and Zone 2；

⑪ API RP 550，Manual on Installations of Refinery Instruments and Control Systems；

⑫ API RP 554，Process Control Systems；

⑬ API RP 551，Process Measurement Instrumentation；

⑭ IEC 61508，Functional Safety of Electrical/Electronic/Programmable Electronic Safety-Related Systems；

⑮ IEC 61511，Functional Safety — Safety Instrumented Systems for the Process Industry Sector；

⑯ IEC 61518，Fieldbus Standard for Use in Industrial Control System；

⑰ IEC 60364 - 1，Low-Voltage Electrical Installations；

⑱ IEEE C37. 90 - 1 - 89 ANSI/IEEE，Standard Surge Withstand Capability for Protective Relays and Relays Systems；

⑲ ISO 5167 - 1，Measurement of Fluid Flow by Means of Pressure Differential Devices Inserted in Circular Cross-section Conduits Running Full — Part 1：General Principles and Requirements；

⑳ NFPA 70，Standard for Electrical Safety in the Workplace；

㉑ NFPA 72，National Fire Alarm Code and Signaling Code；

㉒ GB 17167—2006《用能单位能源计量器具配备和管理通则》。

11）防腐

① NACE SP0176 - 2007《海上固定式石油生产钢质构筑物全浸区的腐蚀控制》；

② DNV - RP - B401《阴极保护设计》；

③ NACE SP0108 - 2008《海上构筑物的保护涂层腐蚀控制》；

④ NORSOK M - 501 - 2004《海上平台表面处理和防护涂层》；

⑤ ISO 14713 - 3《锌涂层-防止钢铁结构腐蚀的指导和推荐》；

⑥ ASTM A 123/A 123M - 09《铁和钢制品镀锌层(热浸镀锌)的标准规范》；

⑦ ISO 15156 - 2009《石油和天然气工业-油气开采中用于含 H_2S 环境材料》；

⑧ NORSOK M001 - 2004《材料选择》。

12）水文气象监测系统

① NORSOK Standard N - 002，Collection of Metocean data；

② ISO 19001 - 1，Petroleum and Natural Gas Industries — Specific Requirements for Offshore Structures — Part 1：Metocean Design and Operating Conditions；

③ WMO No. 8，Guide to Meteorological Instruments and Methods of Observation；

④ WMO No. 49 Vol. 1，General Meteorological Standards and Recommended

Practice;

⑤ API RP 2T Recommended Practice for Planning, Designing, and Constructing Tension Leg Platforms.

2.1.2　设计基础资料

在平台设计之前,需要为深水平台设计提供必要的基础资料,资料包括三类:设计功能要求、设计环境条件、油田产量与油品性质。

1) 设计功能要求

根据油田总体开发方案要求,确定深水平台的主要功能要求,包括以下方面:

① 钻机设计要求,包括钻机作业功能要求、钻机主要设备系统、钻机主要技术参数、钻机布置原则、钻机与平台界面、钻采设施与工程设施设计界面;

② 总体布置原则与总体布置功能要求;

③ 立管、电缆接口界面要求;

④ 主工艺系统与公用系统功能要求;

⑤ 水、消防、安全要求;

⑥ 机械设备要求;

⑦ 电气设备要求;

⑧ 仪控设备要求;

⑨ 浮体设计要求;

⑩ 结构设计要求;

⑪ 生活楼要求;

⑫ 防腐要求;

⑬ 健康安全环保要求。

2) 设计环境条件要求

设计环境条件应包括油田地理位置、水深、潮位、风浪流主极值、风浪流条件极值、风浪流方向极值、主风向、主浪向、主流向、气温极值、湿度极值、海洋生物厚度、地震设计参数等常规设计参数。

半潜式平台、SPAR 锚桩和 TLP 桩基础一般为打入式长桩,半潜式平台、SPAR 锚桩对土力学参数要求与固定式平台基本一致。由于 TLP 桩基础承受循环拉力载荷,与一般固定式平台承压桩不同,其桩基础对土工参数的要求更高,需要开展更多的高级土工试验,以提供更多的高级土工参数。

3) 油田产量与油品数据

应提供油田寿命期内分年度最大日产油量、日产液量、日产气量、注水量(若需注水)、原油物性及组分(原油密度和黏度、原油析蜡点、凝固点、闪点等)、油气田伴生气组分参数、地层水参数等。

2.2　总体布置与总体设计

2.2.1　总体布置

1) 概述

上部设施总体布置主要是为了满足生产、生活等功能需要,将相应的设备、设施进行合理布局。在布置过程中,除了要考虑功能的需求之外,还要考虑安全的要求。对于浮式平台,在上部模块布置过程中要考虑对平台运动性能、稳性、定位系统的影响;对于带有钻修井功能的上部模块,还需要考虑钻/修井作业的需求。

(1) 一般遵循原则

① 确保安全生产,设计时将钻/修井区域、油气设备所在的危险区与公用系统区或电气房间用 A60 防火墙分开,要充分考虑防火和防爆等安全问题,在初步规划总布置时要避免或降低在危险区域中布置机械、电气等设备所引起的安全隐患和成本费用增加。

② 总体布置要确保稳性、运动性能、定位能力等技术性能,这是平台安全运营的根本,也是最基本的要求。

③ 应综合考虑船型、钻/修井设备配置、定位系统要求、隔水套管放置方式等因素,合理布置设备设施,确定平台主尺度。

④ 应充分考虑重心的要求,尤其是在恶劣环境条件下的工况,为保证平台稳定,应尽量降低重心高度,对平台水平方向和垂直方向的布置都应尽量优化。

⑤ 平台布置应整体进行功能区块划分,要以井口区、钻/修井区为核心布置管材、泥浆、设备等,围绕钻/修井工艺流程实现布置和优化,以满足钻/修井需求,提高钻/修井效率。

⑥ 设备布置时,考虑逃生路线及所有设备的操作和维修空间,救生设备放置在安全且能顺利到达的位置,使得工作人员能尽快安全脱离平台。

⑦ 应从系统的角度将钻/修井、生活、浮体、动力等各个方面的因素进行综合考虑,确定最优的布置方案。

⑧ 对于四立柱的浮式平台,上部设施布置过程中要充分与下船体主尺度设计人员进行沟通,从而确定上部模块大梁位置及间距,便于其他设备设施的布置。

⑨ 严格遵守国家民航总局颁布的《小型航空器商业运输运营人运行合格审定规则》,符合其要求与规定。

⑩ 在进行布置时应进行合理的空间预留,以便将来对平台的功能进行升级。

(2) 开展上部设施总体布置时需要提供的上、下游专业信息和数据

① 项目组——设计目标和方案描述。

② 环境专业——拟作业区域的环境条件。

③ 钻/修井专业——钻/修井流程,钻/修井设备表和房间需求,管子堆场面积,生活楼人数等。

④ 机械专业——机械设备表。

⑤ 工艺专业——工艺系统、公用系统的流程图和设备表。

⑥ 电气专业——电气房间的大小等。

⑦ 仪控专业——中控室的大小等。

⑧ 船体相关专业——舱室设置及空间需求。

(3) 开展上部设施布置时的工作流程

① 了解项目组下发的设计目标和方案描述的信息。

② 根据设计目标的信息,调研类似平台的总体布置方案及其布置特点。

③ 根据上游专业提交的输入数据,粗估甲板面积。

④ 进行甲板总体布置,以及浮箱立柱布置。

⑤ 向项目组提交初步的总体布置图,由钻/修井、机械、环境、安全、结构、浮体等专业反馈意见。

⑥ 根据相关专业的反馈意见,进行总体布置方案的修改和优化。

⑦ 进行图纸的校审,修改完毕后编写报告,完成报告的校审,并向项目组提交相关成果。

2) 半潜式平台上部模块布置

(1) 甲板主尺度和总体布置的主要依据

① 井口数量和排布。

② 工艺设施的面积需求。

③ 安全区和危险区合理分隔。

④ 重量合理分布。

⑤ 回接和外输管线立管布置。

⑥ 靠船和货物上下。

⑦ 主风向和主流向。

⑧ 浮体与甲板合理结合和过渡。

⑨ 合理逃生路径。

(2) 上部模块的总体布置

① 上部模块分上、下两层甲板,甲板大小均为 78 m×78 m,下层主要布置工艺设备,上层主要布置钻井设备、电站、部分工艺设备,以及生活楼、直升机甲板和救生设备,

月池大小为 25 m×15 m；

　　② 平台上甲板布置有 2 台吊机，分别位于南北两侧，燃烧臂位于平台西南角外侧；

　　③ 下甲板主要布置工艺设备，并划分安全区与危险区，中间用防火墙隔开；

　　④ 在平台浮筒外侧设置 SCR 和脐带管缆悬挂支撑，沿立柱与上甲板的接头连接，布置与工艺流程相适应。

　　半潜式平台上部模块的总体布置如图 2 - 1、图 2 - 2 所示。

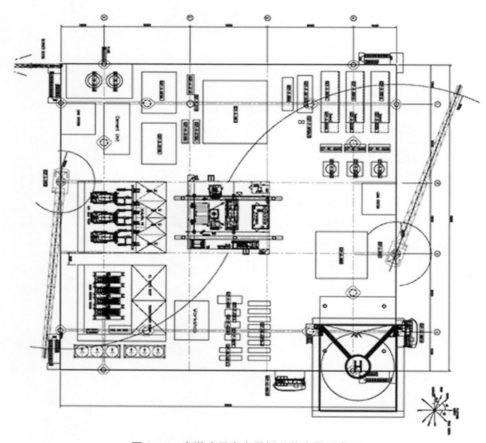

图 2 - 1　半潜式平台主甲板总体布置示意图

2.2.2　总体设计

　　深水平台设计技术核心内容之一是深水平台的总体方案设计。在深水油气田开发的前期，要根据油气田的基础参数和环境条件，选定深水平台的类型，确定平台的总尺度、结构尺寸、基本特性，估算设计、建造和安装成本，并依据深水平台的形式进行立管、海管系统的设计，以形成深水油气田开发工程方案。深水平台的总体设计关系到整个油气田开发工程建设成本，占有重要的地位。

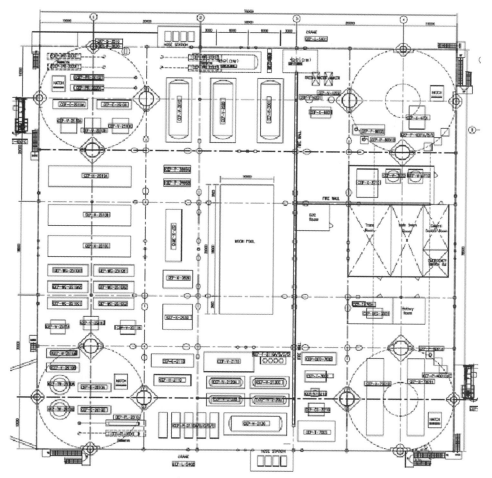

图 2-2 半潜式平台生产甲板总体布置示意图

深水平台总体方案设计主要是指平台的总体尺度规划。由于深水平台是一个复杂的结构和设备系统,总体方案设计要依据油气田基本参数(以此设计立管、海管)、海洋环境参数和工程地质条件,考虑多种工况,首先估算浮体的总体设计,在总体设计完成后再进行结构设计,在这个过程中要涉及几千个总体和结构尺寸的确定,其整个设计是一个循环设计的过程,设计的理念如图 2-3 所示。

一般而言,深水平台总体设计工作的开展主要借助深水平台总体尺度规划软件,国际上主要的工程公司都有自己内部的用于深水平台总体尺度规划的软件,这些软件可以使深水平台总体方案设计快速准确、效率更高。

总体方案设计软件要解决的关键技术问题包括以下两点:

① 深水平台的总体尺度规划:船型总尺度确定;系泊系统总体设计;立管系统总体设计;压载系统设计与舱室布置;重量估算与控制;总体性能估算;设计、安装和建造成

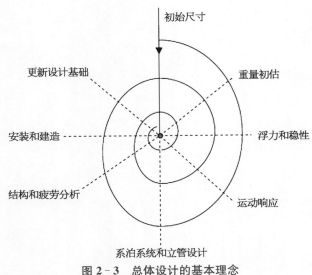

图 2-3　总体设计的基本理念

本估算。

② 深水平台的结构设计：船体结构尺寸的确定；结构强度校核。

为解决深水平台总体方案所涉及的关键技术问题，实现总体尺度规划，一方面需要收集现有深水平台的设计资料，并对资料进行统计分析，寻找基础参数与目标参数之间的关系，拟合经验公式；另一方面需要进行程序编制，包括输入和输出界面的设计。为方便系列工具软件的使用，深水平台总体规划软件是在 Excel 电子数据表的基础上开发，以列表的形式显示输入、输出参数及中间参数，在建立起各参数之间的关系后，利用 Excel 电子数据表计算功能，根据计算工况输入原始参数，通过 Excel 电子数据表的运算，就可以得出深水平台的总体和结构尺寸，完成一个深水平台总体方案设计，并可以按照规范对设计进行校核。另外，用户可以自动地变化参数求得最低成本的初步设计方案，以满足预定义条件。总体尺度规划计算流程如图 2-4 所示。

软件输入参数有以下 6 项：

① 载荷条件：包括操作条件、生存条件、运输条件。

② 场地条件：包括水深、环境。

③ 重量输入：包括甲板重量、立管垂直载荷、受风面积、体积重量系数、舾装及附属结构钢材重量系数、船用系统和船机系统的重量系数。

④ 系泊系统：包括系泊缆的组成、系泊缆的根数、链或缆的重量。

⑤ 成本输入：包括单位钢材重量的建造成本、系泊系统组件的成本、运输成本。

⑥ 功能限制：包括操作或生存吃水深度、运输吃水深度、操作或生存干舷高度、操作或生存稳性高度（GM 值）、垂荡固有频率或 RAO、气隙高度。

可以获得的软件输出数据有以下 4 项：

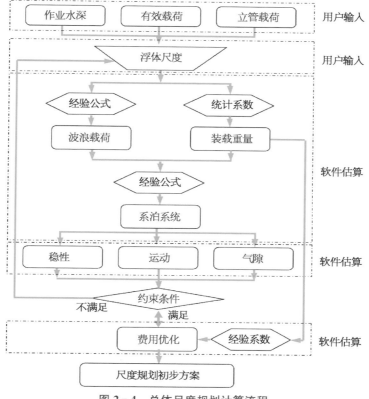

图 2-4　总体尺度规划计算流程

① 平台的总体尺度：包括排水量、两立柱纵向中心距、两立柱横向中心距、浮筒的尺度(长、宽、高)、立柱的尺度(长、宽、高)。

② 重量：包括空船重量、船体结构重量、舾装重量、船机系统重量、系泊系统重量、其他重量。

③ 成本：包括平台总的建造成本、各子系统成本。

④ 总体性能：包括稳性(在各种条件下的稳性高度)、动力性能(垂荡固有频率和RAO)、气隙高度。

下面分别介绍半潜式平台、SPAR 和 TLP 总体尺度规划软件的应用。

(1) 半潜式平台总体尺度规划

说明：本部分图来源于规划软件,但不反映软件原貌。

半潜式平台总体尺度规划是在设计之初对平台主尺度进行估计,这种规划并不能给出精确的设计结果,而是得到一套大体合理的平台尺度数据,作为细化设计的初始模型,从而为系泊系统、立管系统等子系统的设计,以及稳性、水动力、结构强度等分析工作提供一个比较合理的基础。

总体尺度规划需要考虑的因素：

① 浮筒,为平台提供主要的排水量;

② 立柱,为平台提供稳性保障,也提供一部分排水量,是支撑上部载荷的主要部件;

③ 甲板,平台的主要承载部分;

④ 横撑,连接两个立柱、用以抵抗波浪对平台产生的水平分离力的承载部件。

通过下列参数的选择,使得平台在最大的海况条件下能够稳定地支撑上部载荷:

① 立柱的数量、尺度和立柱间距;

② 甲板的高度。

通过下列参数的选择,尽可能减小平台对海况条件的响应:

① 浮筒的尺度与形状;

② 立柱的水线面积;

③ 立柱与浮筒的排水量分配;

④ 立柱间距和浮筒间距。

半潜式平台总体尺度规划方法是首先确定半潜式平台的船型,然后建立平台的参数模型,通过对平台的运动性能进行快速的判断,确定平台大致尺度,再根据对其他性能参数的估算,判断方案的合理性,最后在几次调整后获得合理的总体尺度规划方案。

深水半潜式平台总体规划软件由 15 个电子数据表格构成,该软件的计算流程如图 2-5 所示,半潜式平台总体尺度图如图 2-6 所示,半潜式平台总体尺度规划输入电子表格"Input Sheet"如图 2-7 所示。

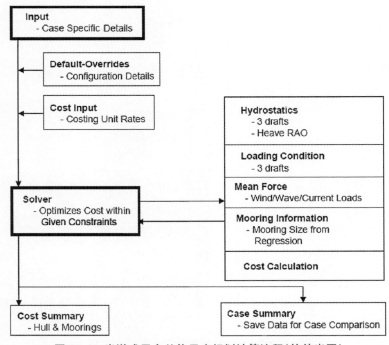

图 2-5　半潜式平台总体尺度规划计算流程(软件出图)

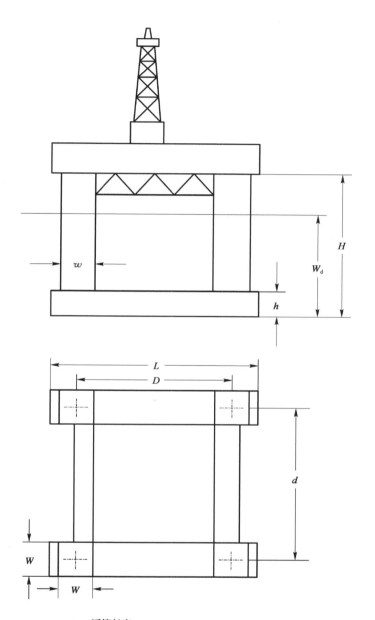

L: 浮筒长度
D: 两立柱间纵向中心距
d: 两立柱间横向中心距
W: 浮筒宽度
w: 浮筒宽度/长度
H: 到立柱顶部距离
h: 浮筒高度
W_d: 吃水

图 2-6 半潜式平台总体尺度图(软件出图)

Production Semi Global Sizing and Cost Estimating Tools

Project:	CNOOC Deepwater Production Semi	Date:	1/18/2008
Title:	Initial Global Sizing	Data Sht:	Input
By:	WY	Pages:	1

Input Sheet

Project:	**CNOOC Deepwater Production Semi**
Title:	**Initial Global Sizing**
By:	**WY**
Date:	**1/18/2008**

Only cells in this color are for input. Do not change cells in other colors.

Functional Input		
Water Depth	m	1000
Field		
Number of Completions		10
Number of Wells		10
Number of risers		12
Ave riser diameter, m		0.30
Ave riser submerged weight, tonne/m		0.15
Ave riser departure angle (frm vertical, degree)		16.00
Environment		2
Enter 1 for Mild		
Enter 2 for Moderate		
Enter 3 for Severe		
Facilities		
Oil Production Rate, MBPD		100
Gas Production Rate, MSCFPD		200
Payload Dry Weight, tonnes		6350
Payload, tonnes		9072
Facilities Plan Area for 1 deck, m^2		4645
VCG, m above top of column		5
Deck Steel Method		1
Enter 1 for modular framing		
Enter 2 for integrated construction		
Risers		
Vertical Tension, tonnes		2388.7
Net Horizontal Tension*, tonnes		342.5
Mooring System		1
Enter 1 for chain-wire-chain		
Enter 2 for polyester taut		
Number of mooring lines (12 or 16)		16
Inspection Draft Condition Required		2
Enter 1 for Yes		
Enter 2 for No		
Transportation		
Distance from Hull Fab Yard to Mating Site, nm		300
Distance from Deck Fab Yard to Mating Site, nm		0
Distance from Mating Site to Field, nm		500

* The Net horizontal tension is an additional load on the mooring system

图 2-7 半潜式平台总体尺度规划输入电子表格"Input Sheet"(软件出图)

（2）SPAR 总体尺度规划

SPAR 主要由 4 部分组成：

① 甲板——支撑上部有效载荷的多层结构；

② 硬舱——为平台提供主要浮力；

③ 中间段——壳体或桁架结构，连接硬舱与软舱，为平台提供深吃水性能；

④ 软舱：位于平台最下端，湿拖过程中为平台提供浮力，在位时为平台提供压载。

SPAR 总体尺度规划需要考虑的因素：

① 平台需要支撑的上部结构重量、立管载荷；

② 甲板的偏心情况及相应的压载平衡条件；

③ 容纳立管及其浮力罐的中心井口区面积要求；

④ 百年重现期环境条件下纵摇角小于 $10°$；

⑤ 立管竖向运动幅值小于 $\pm 4.6\text{ m}$；

⑥ 是否能够采用整体干拖运输方式；

⑦ 出海装载时的吃水深度小于 9.2 m。

SPAR 总体尺度除了受到上部结构重量和有效载荷的影响，还取决于中心井口区的尺度。SPAR 的中心井口区一般是正方形，可容纳 16 个、25 个或 36 个井槽，这些井槽可以按照 4×4、5×5 或者 6×6 的方式排列，通常位于中心的 4 个井槽安装钻井立管，另外 4 个井槽作为 ROV 等工具的通道。此外，在中心井口区还需要预留 SCR 和人员通道的空间。

SPAR 浮体总尺度规划的步骤如下：

① 确定足以平衡上部结构重量的最小活压载；

② 指定平台直径、硬舱高度和吃水；

③ 估算平台重量和重心位置；

④ 估算排水量和浮心位置，并确定固定压载；

⑤ 计算平衡状态的静倾角；

⑥ 返回第②步，指定不同的平台直径、硬舱高度和吃水，再次计算直到获得满意结果。

SPAR 由上部硬舱、下部软舱、中间连接桁架（包括垂荡板），以及系泊系统和立管系统组成，其总体规划是要确定各个组成部分尺度，估算主体部分和辅助设备的重量，并对 SPAR 的总体性能和建造成本做出估算。对 SPAR 总体设计的软件计算流程如图 2-8 所示。

SPAR 总体尺度规划输入电子表格"Input Sheet"如图 2-9 所示。

SPAR 总体尺度图如图 2-10 所示。

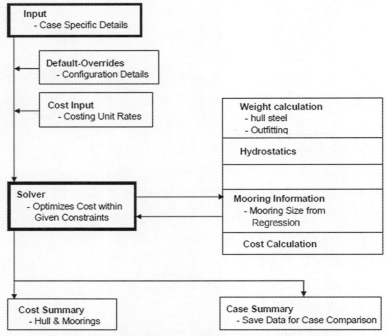

图 2-8 SPAR 总体尺度规划计算流程(软件出图)

（3）TLP 总体尺度规划

TLP 总体尺度规划需要考虑的因素包括：

① 浮筒：与半潜式平台不同,TLP 主要浮力不是来源于浮筒,4 个矩形截面浮筒构成的环形下浮体更多地担负着支撑整个结构的任务。

② 立柱：TLP 的立柱和浮筒间距受到井口分布、干拖要求和甲板跨距的影响,立柱间距过大将引入结构强度问题。TLP 的浮力主要由立柱提供,因而其直径较大。为了获得较好的水动力性能,立柱往往采用圆形截面,或者采用倒角半径较大的矩形截面。

③ 张力腿：TLP 的张力腿用于系泊平台,平台在垂直方向的刚度和在水平面的转动刚度来自张力腿的张力,张力腿预张力选择是 TLP 总体尺度规划的内容之一。

TLP 总体尺度规划方法是先确定平台船型,估计平台的有效载荷、大致重量,同样也对张力腿的预张力范围进行估算(预张力与平台作业水深、水平方向承受的载荷和偏移量等因素有关);然后得出平台排水量的大致范围(排水量等于平台重量、张力腿张力、立管张力之和);再使用参数模型进行尺度规划,应当在给定的张力腿预张力和立柱吃水前提下,通过调整浮筒与立柱之间的体积分配来减小升沉方向的波浪载荷;最后通过调整立柱间距和浮筒、外伸浮筒的长度,找出张力腿张力最小的那一组参数,即为总

Input Sheet

Project:	**CNOOC Deepwater Spar**
Title:	**Initial Global Sizing**
By:	**AR**
Date:	**2007/11/16**

Only cells in this color are for input. Do not change cells in other colors.

Functional Input	
Water Depth (m)	1 200
Topside Properties	
Total operating weight (MT)	16 783
Vertical Center of Gravity from Waterline (m)	36.0
Maximum Variation of Horizontal Center of Gravity (m)	2.0
Effective Wind Area (m²)	5 000
Center of Wind Pressure from Waterline (m)	40.0
Spar Hull Dimensions	
Hard Tank Center Well Length (m)	18.290
Hard Tank Center Well Width (m)	18.290
Maximum Tank Depth in Hard Tank (m)	16
Soft Tank Center Well Length (m)	18.290
Soft Tank Center Well Width (m)	18.290
Overall Height of Soft Tank and Float Tank	12.2
Top tension riser system (Tensioned by aircan)	
Number of risers	9
Riser tension at Spar keel (MT/each)	330
Aircan length below waterline (m)	150.0
Otherriser system (SCR and TTR by tensioner)	
Vertical Tension (MT)	618
Depth (below water line) of attchement point on Spar (All risers combined) (m)	149
Design environment	
Region (1=Gulf of Mexico; 2=South China Sea)	1
Current speed (m/s)	1
Wind speed (m/s)	40
Maximum allowable heel in wind and current	4
Mooring system	
Fairlead depth below waterline (m)	41.656
Weight Margin	
Hard Tank Design Margin	0.05
Truss Design Margin	0.05
Soft Tank Design Margin	0.05
Outfitting Design Margin	0.05
Hydrostatics	
User input addition GM required (m)	1
Fixed Ballast Property	
Density of F.B. in Air (MT/m³)	3.204

图 2 - 9　SPAR 总体尺度规划输入电子表格"Input Sheet"（软件出图）

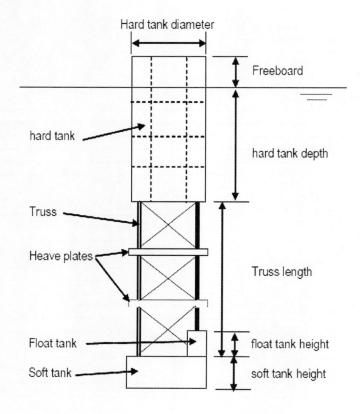

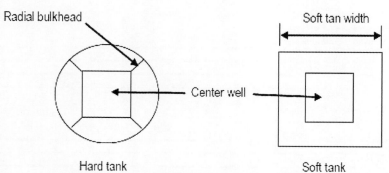

图 2 - 10　SPAR 总体尺度图(软件出图)

体尺度规划结果。

　　传统深水 TLP 的浮体部分与深水半潜式平台外形基本相同,主要组成为 4 根立柱、连接 4 根立柱的浮筒、立柱顶部连接桁架。深水 TLP 的主要特点是采用张力腿系泊,因此深水 TLP 的总体设计要包括张力腿的尺寸设计及张力腿预张力确定。深水 TLP 总体尺度规划的软件计算流程如图 2 - 11 所示。

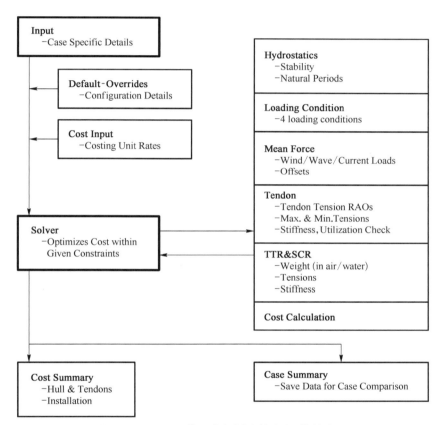

图 2 - 11　TLP 总体尺度规划计算流程(软件出图)

　　TLP 的总体尺度如图 2 - 12 所示。

　　TLP 总体尺度规划的输入的电子表格"Input Sheet"如图 2 - 13 所示。

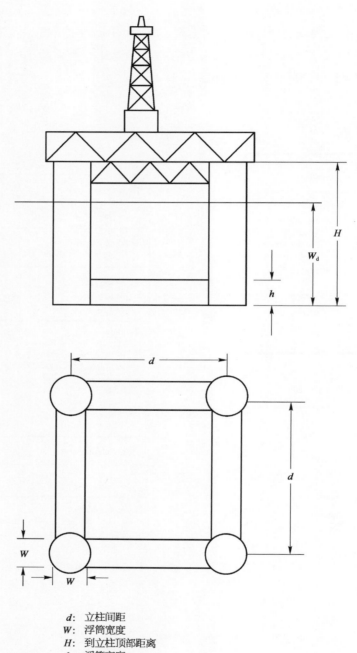

d: 立柱间距
W: 浮筒宽度
H: 到立柱顶部距离
h: 浮筒高度
W_d: 吃水

图 2-12 TLP 总体尺度图(软件出图)

TLP Semi Global Sizing and and Cost Estimating Tools			
Project:	CNO OC TLP	Date:	1/18/2008
Title:	Initial Global Sizing	Data Sht:	Input
By:	WY	Pages:	1

Input Sheet

Project:	CNOOC TLP
Title:	Initial Global Sizing
By:	WY
Date:	11/18/2007

Only cells in this color are for input. Do not change cells in other colors.

Functional Input			
Water Depth		m	900
Field			
	Field Location		South China Sea
	Number of Wells		6
	Drilling/Workover		Yes
Environment			2
	Enter 1 for Mild		
	Enter 2 for Moderate		
	Enter 3 for Severe		
Facilities			
	Oil Production Rate, MBPD		100
	Gas Production Rate, MSCFPD		200
	Number of Deck		2
	Equipment Dry Weight, tonnes		6 350
	Equipment Weight, tonnes		9 072
	Equipment VCG, m above top of column		8
	Equipment Eccentricity (m)		2
	Required Deck Area for 1 deck, m^2		4 900
	Rig Type		Drilling
	Rig Weight (incl. rig & equipment), tonnes		800
	Rig VCG, m above top of column		20
	Rig Skid Weight, tonnes		45
	Rig Skid VCG, m above top of column		15
	Hook Load under Drilling Suspended, tonnes		150
	Hook Load under Normal Operating, tonnes		250
Riser System			
	Number of Top Tensioned Riser Slots		8
	Riser Load Eccentricity (m)		2
	TTR Tension Stiffness (tonne/m)		225
	Number of Top Tensioned Riser		6
	No. of TTR - Single Casing		5
	Casing OD (inch)		10.75
	Casing WT (inch)		0.495
	Casing Content Density (SG)		0
	Production Tubing OD (inch)		5
	Production Tubing WT (inch)		0.362
	Production Tubing Content Density (SG)		0.95
	Gas Lifting Tubing OD (inch)		1.9
	Gas Lifting Tubing WT (inch)		0.145
	Gas Lifting Tubing Content Density (SG)		0
	Weight of Other Euqipment, tonnes		15
	No. of TTR - Dual Casing		1
	Outer Casing OD (inch)		10.75
	Outer Casing WT (inch)		0.495
	Outer Casing Content Density (SG)		1.05
	Inner Casing OD (inch)		8.625
	Inner Casing WT (inch)		0.5

图 2 - 13 TLP 总体尺度规划输入电子表格"Input Sheet"(软件出图)

2.3 结 构 设 计

2.3.1 上部模块结构设计

深水平台的甲板结构设计中,需要考虑上部设施重量、环境载荷、船体运动及其他载荷的联合作用。其中设备重量需要考虑固定设备和各种作业过程中需要放置的临时设备重量。作用在上部设施和甲板上的环境载荷包括风载荷和船体运动导致的载荷。运动导致的载荷需要包括横向和纵向运动加速度引起的惯性力和平台倾斜后引起的重力载荷分量。甲板结构设计中,还需要考虑制造、出坞、运输和吊装作业影响。

与传统固定导管架平台的上部模块结构分析相比,至少有 3 个方面不同:深水平台上部模块结构分析不需要考虑地震分析工况;深水平台上部模块结构分析需要考虑各个自由度加速度,也即是平台运动引起的惯性力;对于类似于四立柱支撑的有跨度的上部模块结构(SPAR 除外),除了设计时需要与船体总体尺度规划互相配合,确定合适的跨距之外,在上部模块总体结构强度分析时,需要考虑下船体的刚度和载荷。换句话说,上部模块结构对整个平台的整体强度是有贡献的,上部模块的结构不仅仅是支撑上部设备,还对整个平台的强度有支撑作用。

典型的深水平台上部模块设计需要考虑的问题如下。

1) 典型的上部模块结构设计工况(表 2-1)

表 2-1 上部模块结构设计工况

类 型	工 况	环 境 条 件	上部模块有效载荷	许用应力系数
建造	出坞	无	出坞/吊装	1.00
安装	运输	1 年重现期台风	轻船重量	1.33
在位操作	极端	100 年重现期台风	最大值	1.33
在位生存	生存	1 000 年重现期台风	最大值	1.00

2) 设计载荷

甲板结构设计中要考虑基本载荷条件的线形组合。

① 固定载荷:固定载荷要考虑所有主要、次要结构部件的重量,设计中所有固定载荷需要考虑 3% 的公差余量。

② 风载荷：甲板设计中需要考虑 1 min 平均风速（1 min 稳定风速,海面上 10 m 高度）。风向和结构阻力系数需要与 API RP - 2A 规定相符。

③ 惯性载荷：惯性载荷由平台的运动引起,载荷的确定通过准确估算设备重量、结合平台的运动加速度计算得到。

④ 动水压力/张力载荷：环境载荷会在平台的船体表面引起压力或者表面的张力载荷。该载荷需要由整体分析专业分析得到。分析工具可采用 SESAM 等水动力分析软件。

⑤ 立管载荷：平台上回接 3 根 SCR,包括两条生产管线和一条外输管线。另外,设计中还需要考虑后期安装一根备用管线,需要预留一根 SCR 管线位置。

⑥ 活载荷与设备载荷：甲板结构设计中,需要考虑 2 种活载荷：不同甲板位置处的最小均布载荷;实际的甲板有效载荷,包括设备载荷、井架载荷和 444.8 kN 的开阔区域的活载荷。

⑦ 最小均布载荷：设计中考虑的甲板最小均布载荷可以保证甲板在未考虑到的载荷和以后可能施加的载荷作用下,满足最小强度要求。最小单位面积均布载荷设计中,不能与实际的设计载荷联合考虑,甲板结构、厚度设计过程中考虑单位面积最小均布载荷可以为后期增加或者改变甲板设备布置情况提供可行性。

甲板最小均布载荷可以表 2 - 2 列出数据作为参考。

表 2 - 2　上部模块甲板最小均布载荷

区　域	载　荷
生产和下甲板设备面积	16.8 kN/m²
主甲板设备面积	23.9 kN/m²
主甲板井槽面积	9.6 kN/m²
井槽、楼梯和通道	4.8 kN/m²
堆放区	19.2 kN/m²
聚集区	7.2 kN/m²

3) 上部结构分析

上部结构分析包括结构强度、局部结构强度和疲劳分析。

结构强度分析可以采用结构有限元方法建模,然后施加外部载荷,采用通用有限元软件进行分析即可获得计算结果。

上部结构疲劳分析有一定特殊性,需要依据上部结构设计基础的要求进行疲劳校核。分析中,需要考虑如下因素：

① 海况整体运动分析结果表明,甲板加速度主要由波频运动成分组成,由于低频和二阶运动加速度可以忽略不计,甲板结构的疲劳分析可以采用谱疲劳分析方法（基于平台运动 RAO）进行。

② 上部结构设计寿命需要与平台设计寿命一致。纵梁与立柱连接处和桁架管节点疲劳寿命分析结果应该大于设计寿命的 3 倍以上；对于可以经常检测的关键节点，疲劳寿命的安全系数可以取 5；对于无法经常检测或者无法检测的关键节点，疲劳寿命的安全系数需要取 10。

对不同形式的半潜式平台、SPAR 和 TLP，上部模块结构设计和分析的方法上均可参考上述思路开展。

2.3.2 船体结构设计

深水平台船体结构的设计主要是依据规范要求，一般以静水压力来确定船体内部纵、横向隔板的骨材间隔和骨材板材尺寸等，实际上是满足规范要求的最小尺寸，但在实际结构尺寸设计中，还需要根据经验，在一些关键部位的结构尺寸设计时给予一定余量，主要结构还需要满足后面结构强度分析、疲劳分析、屈曲分析等要求。因此，船体结构的设计主要是依据规范的最小要求，同时根据经验考虑后续分析对结构的要求等因素，给出船体结构的初步尺寸。

深水平台船体结构规划的一般流程如图 2-14 所示。

图 2-14 深水平台船体结构规划的一般流程

1) 结构设计计算公式
下面参考 ABS 移动式钻井装置建造与入级规范来说明相关尺寸的计算公式。
(1) 板厚计算公式

$$t=\frac{sk\sqrt{qh}}{254}+2.5 \tag{2-1}$$

$$k=\frac{3.075\sqrt{\alpha}-2.077}{\alpha+0.272} \tag{2-2}$$

式中　t——板厚(mm)；

s——纵向加强筋的间隔距离(mm)；

α——板块的长宽比；

k——系数，当 $\alpha>2$ 时 $k=1$，当 $1\leqslant\alpha\leqslant2$ 时 k 取式(2-2)；

$q=235/Y$ (N/mm²)或 $24/Y$ (kg/mm²)(Y，材料的屈服强度)；

h——从板最下的边到下列位置中的最大距离(m)：$\frac{2}{3}h_0$ 位置，h_0 为从液舱的顶部到通风口顶部之间距离;液舱的顶部之上 0.91 m 位置;表示载荷线的位置; $\frac{2}{3}h_1$ 位置, h_1 为干舷距离。

(2) 纵向加强筋截面模量的计算公式

$$sm = fchsl^2 Q \tag{2-3}$$

式中　sm——纵向加强筋截面模量(cm^3);

　　　$f = 7.8$(或 0.004 1);

　　　$c = 0.9$,适用于在端部的平板上有夹头的纵向加强筋,或一端有夹头并在另一端由横向筋板支撑;

　　　h——从 l 中间到中心水平舱壁之间的距离,当这个距离小于 6.1 m 时,h 取这个距离的 0.8 倍再加上 1.22 m;

　　　s——纵向加强筋的间隔距离;

　　　l——纵向加强筋的长度;

　　　$q = 0.72$。

(3) 横向加强筋截面模量的计算公式

$$sm = fchsl^2 Q \tag{2-4}$$

式中　sm——横向加强筋截面模量(cm^3);

　　　$f = 4.74$(或 0.002 5);

　　　$c = 1.5$;

　　　h——从支撑面的中部到所指定测量的外板同一点的距离;

　　　l——两支撑之间的距离;

　　　$q = 0.72$。

另外,ABS 规范也给出了壳体内部纵横垂直舱壁及水平舱壁结构规划的计算公式,以及壳体内部储存液体舱室结构规划的计算公式。

在完成浮体结构尺寸规划以后,可以采用规范推荐的简化计算公式进行强度校核,校核计算公式如下。

(4) 弯曲强度校核公式

$$\sigma = M/W \tag{2-5}$$

$$M = \frac{ql^2}{10} \tag{2-6}$$

式中　σ——弯曲应力;

　　　M——弯矩;

　　　q——单位长度上的均布载荷;

W——截面模量;

l——梁或桁材之间的距离。

（5）剪切强度校核公式

$$\tau = \nu/(twd) \qquad\qquad (2-7)$$

$$\nu = \frac{ql}{2} \qquad\qquad (2-8)$$

式中　ν——剪切力;

τ——剪切应力;

q——单位长度上的均布载荷;

tw——腹板厚度;

l——梁或桁材之间的距离;

d——桁材或骨材的高度。

在实际项目的船体结构设计中,也是借助结构尺度规划软件来进行结构尺度的初步设计和结构校核工作。深水平台的结构规划软件是依据规范规定的方法来确定深水平台浮体的结构尺寸,软件的编制依据上述方法和原理。利用软件的计算功能,进行计算的步骤如下:

① 输入各个工况下浮体的吃水深度;

② 根据浮体的总尺度,将浮体从下到上分段;

③ 计算浮体每一段的吃水深度,确定该段的设计压头(同时考虑动水压力的影响);

④ 应用上述规范给出的设计计算公式,确定浮体各段的结构尺寸,按简化的校核公式对浮体各段进行强度校核。

一般船体结构规划设计也是采用 Excel 电子数据表进行编制,软件能够考虑在所有工况下的静水力作用,按结构所承受的静水力作用的大小来计算结构的尺寸,从而完成平台的结构设计,并能按规范进行校核。

软件需要输入的参数有:

① 船体总尺度;

② 标高、吃水;

③ 船体分段;

④ 各个工况下的设计压头;

⑤ 桁材、骨材规划。

通过规划设计,可以通过软件输出如下需要的设计数据:

① 板厚尺寸;

② 桁材尺寸;

③ 骨材尺寸;

④ 骨材间隔；

⑤ 静力校核结论。

2）典型深水平台结构设计

（1）半潜式平台结构设计

半潜式平台结构规划是指其浮体部分的结构规划，确定立柱、浮筒外板壁厚，加强立柱、浮筒外板的骨材和桁材的尺寸，内部舱室分割板壁厚，以及加强骨材和桁材的尺寸。

半潜式平台结构规划软件由 4 个电子数据表格构成：第一个电子数据表格是数据输入与设计压头计算表格，即"Design Head"电子数据表格；第二个数据表格是壳体结构尺寸设计计算表格，即"ABS Scantling"电子数据表格；第三个数据表格是壳体结构强度校核表格，即"ASD Checks"电子数据表格；第四个表格"Sign Convention"对表格出现的名词进行解释。"Design Head"电子数据表格如图 2 - 15 所示。

Production Semi Scantling Design

Project:	CNOOC Production Semi	Date:	2008-2-1
Title:	Scantling Design	Data Sht:	Design Head
By:	JL	Pages:	1

Table 1: Deepwater Production Semi - Hydrostatic Heads for Scantling Design

Pontoon Ht	9.00	m
Top of Column Ele	41.00	m
Main Deck Ele	49.50	m
Vent Ht (above main deck)	1.00	m
Operating Draft	24.00	m
Damaged Draft	28.00	m
AIF for Damaged Condition	1.33	

	PONTOON			COLUMN				
	Bottom	Sides/Long.BHD	Top	0~9.0m	9.0~18.0m	18.0~30.0m	30.0~36.0m	36.0~41.0m
Elevation (ft)	0	0	9.00	0	9	18	30	36
2/3 d (tank top to vent)	36.67	36.67	27.67	36.67	30.67	25.67	15.67	11.33
3ft above tank top	9.91	9.91	0.91	9.91	9.91	12.91	6.91	5.91
Operating Load Line	24.00	24.00	15.00	24.00	15.00	6.00	-6.00	12.00
Damaged Load Line	28.00	28.00	19.00	28.00	19.00	10.00	-2.00	-8.00
Normalized Damaged Load Line	21.01	21.01	14.25	21.01	14.25	7.50	-1.50	-6.00
Minimum (20ft)	6.10	6.10	6.10	6.10	6.10	6.10	6.10	6.10
Design Head (m)	**36.67**	**36.67**	**27.67**	**36.67**	**30.67**	**25.67**	**15.67**	**11.33**
	PTN Tran BHD		Column Flats					
			Keel	9.0 m	18.0 m	30.0 m	36.0 m	41.0 m
Elevation (ft)	0		0	9	18	30	36	41
2/3 d (tank top to vent)	36.67		36.67	30.67	25.67	15.67	11.33	6.33
3ft above tank top	9.91		9.91	9.91	12.91	6.91	5.91	0.91
Operating Load Line	24.00		24.00	15.00	6.00	-6.00	-12.00	-17.00
Damaged Load Line	28.00		28.00	19.00	10.00	-2.00	-8.00	-13.00
Normalized Damaged Load Line	21.01		21.01	14.25	7.50	-1.50	-6.00	-9.75
Minimum (20ft)	6.10		6.10	6.10	6.10	6.10	6.10	6.10
Design Head (m)	**36.67**		**36.67**	**30.67**	**25.67**	**15.67**	**11.33**	**6.33**

indicate the input cells

Notes:
1. Scantling sizing is per ABS "Rules for Building and Classing Mobile Offshore Drilling Units", Part 3, "Hull Construction and Equipment".
2. Formulae for tank bulkheads and flats are used, which is more conservative than those for watertight bulkheads and flats, since no definitive tank plan is available at the beginning of the project.
3. Material strength is assumed to be 50 ksi (350 Mpa), thus the Q factor equal to 0.72. If material strength is 34 ksi (235 Mpa), the Q factor shall be 0.78.
4. Hydrostatic heads, the bases for loading on the individual panels, is per ABS Section 3.2.2/9.3.
5. The cells with Magenta color is the input cells that need user inputs. The rest of cells are to be calculated by spreadsheet.
6. An auxiliary check of girder and stiffener bending and shear per AISC ASD rules is also performed. This is a preliminary examination rather than a definitive check for acceptance.

图 2 - 15　半潜式平台结构设计"Design Head"电子数据表格（软件出图）

（2）SPAR 结构设计

SPAR 的结构设计较其他三类平台设计要复杂得多,涉及硬舱、软舱、桁架（包括垂荡板）设计。硬舱的设计包括外壳板架结构、中心井板架结构、水平水密板架结构,以及径向分隔板架和径向支撑的设计。软舱是一个分割成多个舱室的结构,同样需要按板架结构设计。图 2-16、图 2-17 分别为硬舱、软舱断面简图。

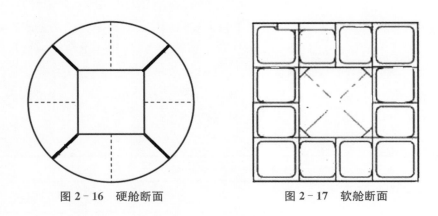

图 2-16　硬舱断面　　　　　　　　图 2-17　软舱断面

图 2-18 为 SPAR 的外形图,图 2-19 为水平水密板架结构。

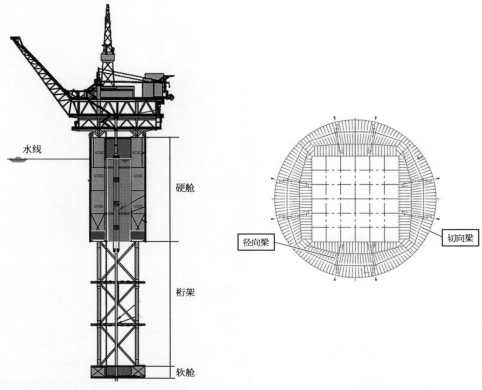

图 2-18　SPAR 的外形图　　　　　　图 2-19　水平水密板架结构

为完成 SPAR 的结构设计，该软件编制了 14 页的电子表格，分别为电子表格"Parameters"——给出水深和在不同工况下的吃水深度作为计算设计压头的基础参数；"SPAR Geometry"——将浮体部分分段，不同吃水深度结构尺寸不同，同时进行骨材和桁材的规划；"Dynamic Pressure"——考虑水动力对静水的影响；"Design Heads"——计算在不同工况下各段静水压力，并取最大值；"Out Shell"——确定外壳壁厚和加强骨材和桁材尺寸。其他电子表格如"Center Well""Radial BH""Decks""Strut" 均是根据静水压力的大小确定尺寸。图 2-20 为电子表格"Parameters"示意图。

CNOOC RC　　Spar Scantling Sizing Tool

Project:	CNOOC Deepwater Platform Global Sizing Tool Development	Date:	11-10-07
Title:	Spar Scantling Sizing	Data ShE:	parameters
By:	CH	Pages:	2

Design Parameters

Water Depth	1200.000	m	wdep
Normal Operating Draft	152.400	m	dfto
Storm Draft	152.400	m	dfts
Tow-out Draft	9.662	m	dftt
Upending Draft	21.336	m	dftu
Minimum Static head	6.096	m	hmin
Installation Draft Increase	7.620	m	dft_in_i
Installation Damage Draft Increase	15.240	m	dft_in_id
Operation Damage Draft Increase	4.332	m	dft_in_od
Storm Damage Draft increase	4.332	m	dft_in_sd
Vent Elevation	165.000	m	evnt
Fixed Ballast Tank Height	3.000	m	hp
Density of Fixed Ballast - wet	3.204	t/m³	den_p
Fixed Ballast Wet Weight	168555	KN	wei_fix
Heave Plate number	2		num_hp
Heave Plate Design Pressure	28.73	KPa	hp_pres

Wave Conditions

Load Case	Load Condition	Hsig (m)	Tm (s)	Wave Length (m)	Wave No. (1/m)
1	Operational Intact	10.973	11.00	188.919	0.0332587
2	Operational Damaged	10.973	11.00	188.919	0.0332587
3	Storm Intact	21.031	15.30	365.487	0.0171913
4	Storm Damaged	21.031	15.30	365.487	0.0171913
5	Towing	3.048	10.00	156.131	0.0402430
6	Upending	2.896	10.00	156.131	0.0402430
7	Installation	2.896	10.00	156.131	0.0402430
8	Installation, Damaged	2.896	10.00	156.131	0.0402430
9	Ballast Tank Operational	10.973	11.00	188.919	0.0332587
10	Ballast Tank Overflow	10.973	11.00	188.919	0.0332587

Stress Allowable Increase Factors and Draft

Load Case	Load Condition	AIF	Draft(m)		
1	Operational Intact	1.00	152.400	alf_1	drft_1
2	Operational Damaged	1.33	156.732	alf_2	drft_2
3	Storm Intact	1.33	152.400	alf_3	drft_3
4	Storm Damaged	1.67	156.732	alf_4	drft_4
5	Towing	1.00	9.662	alf_5	drft_5
6	Upending	1.00	21.336	alf_6	drft_6
7	Installation	1.00	160.020	alf_7	drft_7
8	Installation, Damaged	1.33	167.640	alf_8	drft_8
9	Ballast Tank Operational	1.00	152.400	alf_9	drft_9
10	Ballast Tank Overflow	1.33	152.400	alf_10	drft_10

图 2-20　SPAR 结构规划设计的电子表格"Parameters"示意图

（3）TLP 结构设计

TLP 浮体的结构设计内容是确定立柱、浮筒外板壁厚，加强立柱、浮筒外板的骨材和桁材的尺寸，内部舱室分割板壁厚，以及加强骨材和桁材的尺寸。

TLP 结构规划软件也由 4 个电子数据表格构成：第一个电子数据表格是数据输入与设计压头计算表格，即"Design Head"电子数据表格；第二个数据表格是壳体结构尺寸设计计算表格，即"ABS Scantling"电子数据表格；第三个数据表格是壳体结构强度校核表格，即"ASD Checks"电子数据表格；第四个表格"Sign Convention"对表格出现的名词进行解释。"Design Head"电子数据表格如图 2-21 所示。

CNOOC RC	TLP Scantling Design		
Project:	CNOOC Conventional TLP	Date:	2008-2-1
Title:	Scantling Design	Data Sht:	Design Head
By:	JL	Pages:	1

Table 1: Conventional TLP - Hydrostatic Heads for Scantling Design

Water Depth	1000	m
Pontoon Height	9.60	m
Top of Column (Freeboard Deck)	36.25	m
Vent Ht (Above Top of Column)	0.75	m
Draft with 10-yr Set-Down & Tide	32.69	m
10-yr Max. Operating Wave Height	10.97	m
10-yr Operating Wave Period	11.00	sec
10-yr Operating Wave Length	188.92	m
10-yr Operating Wave Number	0.0333	1/m
Draft with100-yr Set-Down & Tide	33.38	m
100-yr Extreme Wave Height	21.03	m
100-yr Extreme Wave Period	15.30	sec
100-yr Extreme Wave Length	365.49	m
100-yr Extreme Wave Number	0.0172	1/m
AIF for 100-yr Set-Down Condition	1.33	

	PONTOON				COLUMN			
	Bottom	Sides/Long.BHD	Top	0-9.6m	9.6-16.2m	16.2-22.8m	22.8-30.8m	30.8-36.26m
Elevation (m)	0	0	9.60	0	9.6	16.2	22.8	30.8
2/3 d (tank top to vent) (m)	27.87	27.87	18.27	27.87	20.47	16.07	12.14	5.96
3ft above tank top (m)	10.51	10.51	0.91	10.51	7.51	7.51	8.91	6.37
10-yr Operating Load Line (m)	32.69	32.69	23.09	32.69	23.09	16.49	9.89	1.89
Operating Dynamic Head (m)	2.03	2.03	2.80	2.03	2.80	3.49	4.34	5.67
Total Operating Head (m)	34.72	34.72	25.89	34.72	25.89	19.98	14.23	7.56
100-yr Extreme Load Line (m)	33.38	33.38	23.78	33.38	23.78	17.18	10.58	2.58
Extreme Dynamic Head (m)	6.52	6.52	7.69	6.52	7.69	8.61	9.64	11.07
Total Extreme Head (m)	39.89	39.89	31.46	39.89	31.46	25.79	20.22	13.64
Normalized Extreme Head	29.93	29.93	23.60	29.93	23.60	19.34	15.17	10.23
Minimum (20ft)	6.10	6.10	6.10	6.10	6.10	6.10	6.10	6.10
Design Head (m)	34.72	34.72	25.89	34.72	25.89	19.98	15.17	10.23

	PTN			Column Flats			
	Tran BHD	Keel	9.6 m	16.2 m	22.8 m	30.8 m	36.26 m
Elevation (m)	0	0	9.6	16.2	22.8	30.8	36.26
2/3 d (tank top to vent) (m)	27.87	27.87	20.47	16.07	12.14	5.96	0.50
3ft above tank top (m)	10.51	10.51	7.51	7.51	8.91	6.37	0.91
10-yr Operating Load Line (m)	32.69	32.69	23.09	16.49	9.89	1.89	0.00
Operating Dynamic Head (m)	2.03	2.03	2.80	3.49	4.34	5.67	6.03
Total Operating Head (m)	34.72	34.72	25.89	19.98	14.23	7.56	6.03
100-yr Extreme Load Line (m)	33.38	33.38	23.78	17.18	10.58	2.58	0.00
Extreme Dynamic Head (m)	6.52	6.52	7.69	8.61	9.64	11.07	11.57
Total Extreme Head (m)	39.89	39.89	31.46	25.79	20.22	13.64	11.57
Normalized Extreme Head	29.93	29.93	23.60	19.34	15.17	10.23	8.68
Minimum (20ft)	6.10	6.10	6.10	6.10	6.10	6.10	6.10
Design Head (m)	34.72	34.72	25.89	19.98	15.17	10.23	8.68

Indicate the input cells

Notes:
1. Scantling sizing is per ABS "Rules for Building and Classing Mobile Offshore Drilling Units", Part 3, "Hull Construction and Equipment"
2. Formulae for tank bulkheads and flats are used, which is more conservative than those for watertight bulkheads and flats, since no definitive tank plan is available at the beginning of the project.
3. Material strength is assumed to be 50 ksi (350 Mpa), thus the Q factor equal to 0.72. If material strenght is 34 ksi (235 Mpa), the Q factor shall be 0.78.
4. Hydrostatic heads, the bases for loading on the individual panels, is per ABS Section 3.2.89.3.
5. The cells with Magenta color is the input cells that need user inputs. The rest of cells are to be calculated by spreadsheet.
6. An auxiliary check of girder and stiffener bending and shear per AISC ASD rules is also performed. This is a preliminary examination rather than a definitive check for acceptance.

图 2-21 TLP 结构规划设计的"Design Head"电子数据表格示意图

2.4　典型深水平台系泊设计

深水平台通过永久型系泊系统实施定位,承受极端海洋环境载荷,平台与其附属系统的作业安全性很大程度取决于系泊系统。系泊系统不仅要保障平台在极端环境下不发生强度破坏与大幅偏移,也要保证在长期海况下系泊缆绳的疲劳损伤在可控范围,同时还要保证系泊系统在安装过程中的强度满足要求。总之,在系泊系统设计阶段需要依据定位精度要求与规范,全面考虑平台可能面临的环境条件与所处工况,并结合系统不同设备的采办可行性与系泊安装能力,得出技术可行、经济性较好的系泊方案。

2.4.1　系泊系统组成与类型

深水平台的系泊系统大致可分为两类:一类是传统的钢制悬链线系泊,缆绳以传统锚链和钢缆作为系泊材料,在水中呈悬链线型;一类是近年来兴起的张紧型系泊,两端采用锚链,中部采用聚酯纤维、尼龙或高强聚乙烯等复合材料,通过在顶部施加很大的预张力使缆绳呈张紧型。由于张紧型系泊系统的垂向张力将传递至锚基础,因此需要采用桩基或法向承力锚作为基础。钢制悬链线系泊结构简单,分析方法成熟,但在深水条件下系泊精度低、系泊载荷高、安装难度大、整体经济性差,因此逐步被张紧型系泊取代。张紧型系泊的主要问题是系泊材料的非线性力学特性,提高了系泊系统在材料检验、安装、运维等阶段的技术要求,在设计阶段需要有更多的考虑。

2.4.2　系泊系统分析

1) 环境条件

在评估系泊系统强度时,业界认可的环境条件有两类:最大设计条件和最大作业条件。最大设计条件指的是用于系泊系统设计的风、浪、流环境条件的组合。系泊系统应该按照设计环境造成极值载荷的风、浪、流组合进行设计。实际操作中,上述设计常常通过多重设计准则的组合近似值得到。例如,对重现期为 100 年的设计环境,通常研究如下 3 种设计准则:

① 重现期为 100 年的波浪,加上相对应的风和流;

② 重现期为 100 年的风,加上相对应的波浪和流;

③ 重现期为 100 年的流,加上相对应的波浪和风。

对于所考虑的永久性设施,应指明符合现场环境条件的风、浪、流最恶劣的方向组合。需要特别注意诸如大型半潜式平台这样的浮式结构，这类结构的运动常由低频运动主导。由于低频运动幅值随着波浪周期的减小而增加，重现期为 100 年的波浪有可能不会产生最严重的系泊载荷；而较短周期的较小波浪可能会产生更大的低频运动，从而造成更大的系泊载荷。

永久性系泊系统应采用重现期为 100 年的设计准则。

2）系泊设计的一般要求

（1）极限强度要求

深水平台的系泊缆绳通常包括顶部锚链、中部缆绳和底部锚链。其中顶部与底部锚链需要满足 API RP 2SK 的要求，即采用全耦合动力方法，完整工况下最小安全系数大于 1.67，单根缆破断工况最小安全系数大于 1.25。对于中间部分，如果是钢缆，则张力安全系数与锚链相同；如果为聚酯纤维等复合材料，API RP 2SM 和 ABS 规范提出的安全系数为完整工况下最小安全系数大于 1.82，单根缆破断工况最小安全系数大于 1.43。

（2）极限构型要求

深水平台一般采用锚链-钢缆-锚链或锚链-聚酯缆-锚链的组合形式系泊，其中钢缆、聚酯缆与锚链相比，虽然能够在同等的重量下提供更大的轴向强度，但耐磨性远低于锚链，因此 ABS 规范提出在系泊完整状态下背风向的中间缆绳不能接触海底泥面，这就要求在系泊设计时需要给予底部锚链足够的长度。此外，对于顶部锚链部分，除强度要求以外，由于聚酯缆存在蠕变效应，即在使用一定时间后缆绳会出现轴向伸长，因此每年每根缆绳会收紧以维持预张力，因此需要给予顶部锚链足够的长度，通常要求为海面以下 100 m 范围全部为锚链。

（3）疲劳要求

相同载荷条件下锚链出现的疲劳损伤远大于钢缆或聚酯缆，因此针对系泊系统的疲劳分析主要针对其锚链部分。ABS 与 API 推荐了 4 种不同的疲劳分析方法，其中雨流计数法最为精确，其主要原理是首先将目标海区年度波浪散布图结合对应的风载荷与流载荷，离散成一系列环境条件和相应的发生概率，通过每一个环境条件获得的缆绳张力时间历程采用雨流计数法重新累计并记录不同张力幅值的出现次数，之后再根据缆绳的 T-N 曲线计算单次疲劳损伤，并采用米勒法计算缆绳的累计疲劳损伤，见表 2-3。T-N 曲线表达式为

$$NR^M = K \tag{2-9}$$

式中 　N——张力循环次数；

　　　R——张力范围；

　　　M——T-N 曲线斜率；

　　　K——T-N 曲线截距。

表 2 - 3　不同锚链与钢缆疲劳 T - N 曲线系数

系 泊 部 件	M	K
普通有档链环	3.0	1 000
普通无档链环	3.0	316
Baldt 和 Kenter 连接链环	3.0	178
6 股/多股钢丝绳	4.09	$10^{(3.20-2.79L_n)}$
螺旋股钢丝绳	5.05	$10^{(3.25-3.43L_n)}$

3）聚酯缆系泊设计的特殊要求

聚酯缆的轴向刚度源于其分子结构，而其分子结构包含晶体部分和非晶体部分，由于非晶体结构不能及时对快速变化的载荷做出形变反应，使得缆绳产生了更高的轴向刚度，因此工业界分别采用两种刚度描述缆绳的力学特性，其中静态刚度是指当缓慢变化的外部载荷作用于缆绳时缆绳的轴向回复特性，而动态刚度则是当缆绳承受周期性载荷时的轴向回复特性。

ABS 推荐的聚酯缆静态刚度 K_{rs} 的计算公式为

$$K_{rs} = (F_2 - F_1)/[E_2 - E_1 + C\log(t)] \qquad (2-10)$$

式中　F_1——测试开始时的轴向拉力；

　　　F_2——测试结束时的轴向拉力；

　　　E_1——测试开始时的形变率；

　　　E_2——测试结束时的形变率；

　　　C——蠕变系数；

　　　t——拉力测试持续时间。

ABS 也推荐了两种刚度模型用于聚酯缆系泊系统的设计与分析。

（1）上下边界刚度模型

在该模型中，采用安装后刚度和风暴刚度作为聚酯缆轴向刚度的上下边界，采用刚度下边界（安装后刚度）计算平台-系泊系统极限偏移，而采用刚度上边界（风暴刚度）计算缆绳的极端张力。在系泊分析中，每一个具体工况需要计算两次，第一次使用下边界刚度计算最大偏移，而第二次采用上边界刚度计算缆绳张力，两次计算的预张力需要保持一致，因此在第二次计算中缆绳的长度或锚点的位置需要重新调整。此方法相对简单且容易实施，但其计算精度取决于缆绳上下边界刚度值的选取，如图 2-22 所示。

（2）静动结合刚度模型

静动结合刚度模型由于其反映了聚酯材料的基本弹性特性，因而被 ABS 重点推荐。该模型认为静态刚度控制平台在平均张力以下的形变，而平均张力以上的形变则由动态刚度控制,如图 2-23 所示。

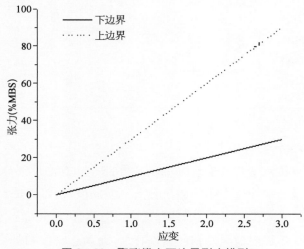

图 2-22　聚酯缆上下边界刚度模型

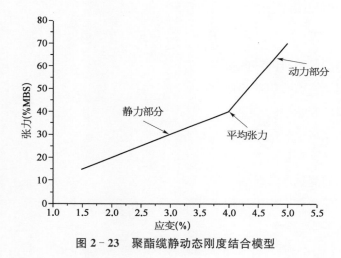

图 2-23　聚酯缆静动态刚度结合模型

ABS 推荐的计算动态刚度 K_{rd} 值的公式如下:

$$K_{rd} = \alpha + \beta L_m + \gamma T + \delta \log(P) \tag{2-11}$$

式中　L_m——平均张力;

T——载荷幅值;

P——载荷周期;

α、β、γ、δ——相对应的系数。

该模型的分析方法与上下边界刚度模型十分相似,系泊分析需要两次计算,第一次采用准静态刚度并计算系统的平均响应,之后采用动态刚度计算动态响应,最后通过结合平均响应与动态响应生成整体响应,两次计算的预张力要保持一致,因此在第二次计算中,缆绳的长度或锚固端的位置也需要重新调整。

主要的校核分析步骤如图 2 - 24 所示。

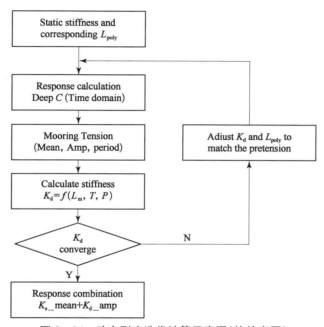

图 2 - 24　动态刚度迭代计算示意图(软件出图)

聚酯缆系泊在安装过程中,需要满足相应的环境要求。锚链预安装要求:$H_s <$2.5 m;锚链回接要求:$H_s <$ 2.0 m。

聚酯缆系泊在安装过程中,聚酯缆扭转要求:1 r/100 m;钢缆扭转要求:$<2°$每个链环。锚链实际铺设位置相对设计路径允许的误差为$±10$ m。

聚酯缆材料特殊,在安装前需要对聚酯缆进行测试,保证海床底的泥沙不能侵入聚酯缆内部,避免聚酯缆损坏;在聚酯缆铺设过程中,不能有太大的预张力;安装中应该确保聚酯缆完好,如果发现有损坏,需要重新修整,评估后方能使用;聚酯缆在安装之前需要做拉升试验,并有相关的测试结果和报告。

根据作业海域和系泊系统方案,选择合适的安装船舶,通过计算分析确定系泊缆和桩基安装方案。

2.4.3　典型深水平台系泊系统设计实例

以一座桁架式 SPAR 为例,为其进行深水系泊系统的设计,该平台以荔湾 3 - 1 气田为目标气田,SPAR 作为井口平台进行天然气处理、计量和增压,再送往浅水的增压平台,通过长输管道上岸。平台上设有电站和生活楼。钻完井采用平台钻机,天然气生产采用浮式平台干式采气的生产方式,同时可回接水下井口。考虑到气井很少修井作业,平台上设钻机,不设修井机。

平台设有 6 口干式立管井,以 TTR 形式连接;5 口湿式井,采用 SCR 回接的方式将水下井口采出的气体输送到平台处理设施;平台中心井井槽布置采用 3×3 形式,预留井槽数为 3 个。气体经平台处理设备处理后通过在平台一侧的外输 SCR 输出。

荔湾 3-1 气田预计年产量可达 50 亿 m^3,年生产日按 350 天计算,平台日处理量为 1 429 亿 m^3/d,凝析油处理量为 404 m^3/d,生产水处理 4 043 m^3/d。

1) 设计环境条件

系泊系统在概念设计与基本设计中所采用环境条件见表 2-4。

表 2-4 海况参数比较

工 况	重 现 期						
	1 000 年	100 年		10 年		1 年	
	基本设计	概念设计	基本设计	概念设计	基本设计	概念设计	基本设计
有效波高 H_s/m	18.00	13.80	15.00	10.60	12.10	7.00	8.70
谱峰周期 T_p/s	16.10	16.10	15.10	14.30	13.90	12.10	12.30
最大波高 H_{max}/m	33.40	23.80	28.00	18.30	22.40	12.00	16.20
风速/(m/s)	59.40	25.20	49.50	23.00	39.70	20.90	29.30
表面流速/(m/s)	2.29	2.02	2.02	1.55	1.55	1.07	1.07

2) 采用的标准规范与软件

平台系泊的设计与分析主要根据 API RP 2SK、API RP 2SM 等工业界规范,设计与分析使用的软件是工业界广泛应用的 Orcaflex。

3) SPAR 简介

根据项目提供的设计基础及工业界普遍使用的设计规范/要求,SPAR 的主尺度确定见表 2-5,纵剖面图如图 2-25 所示。

SPAR 配置 12 根系泊缆,分为 3 组,每组 4 根。每根缆绳由平台链、聚酯缆、锚链组成。单根缆绳主要参数见表 2-6,总体布置如图 2-26 所示。

4) SPAR 系泊系统的设计要求

根据平台设计基础和所采用的规范,确定平台系泊系统的设计要求见表 2-7。

5) SPAR 系泊校核

在系泊分析中,考虑系泊、TTR、SCR 对平台运动的影响,对于风和浪考虑三组不同的随机种子,校核的工况包括完整工况和破损工况,其中完整工况包括有无内波两种海况。平台系泊完整工况校核工况见表 2-8,破损工况见表 2-9。

表 2-5　SPAR 的主尺度

设 计 参 数	基本设计	概念设计
排水量/t	96 688	85 416
总长度/m	169.2	169.2
吃水/m	152.4	153.9
干舷/m	16.8	15.2
直径/m	39	39
硬舱长度/m	82.6	72.5
软舱长度/m	6.4	6.4
浮舱长度/m	5.8	5.8
浮舱高度/m	11.8	11.8
中央井尺度/m	15.4	15.4
桁架长度/m	80.2	90.2
垂荡板个数	2	2
系泊系统	CPC（链缆链）	CWC（链钢缆链）

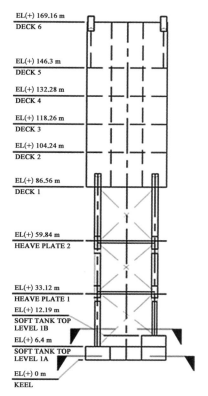

图 2-25　SPAR 纵剖面图

表 2-6　单根缆绳主要参数

项目	平台链	聚酯缆	锚链
类型	R4S	—	R4S
直径/mm	157.00	274.00	157.00
干重/(kg/m)	493.00	48.5	493.0
湿重/(kg/m)	428.6	12.1	428.6
MBL/kg	23 559	20 601	23 559
MBL/(w/12 mm)	20 594	20 601	20 594

表 2-7　SPAR 系泊系统的设计要求

环 境 条 件	链	聚酯缆	偏 移	倾 角
极端-完整	1.67	1.82	<7%水深	<9°
极端-破损	1.25	1.43	<8.5%水深	
生存	1.00	1.10	<10%水深	

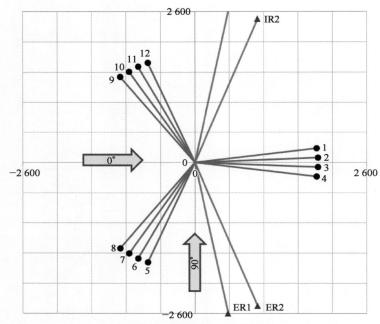

图 2 - 26 多点系泊总体布置

表 2 - 8 SPAR 完整工况校核工况

重 现 期	系 泊 刚 度	种子数	浪 向	类 型
1 000 年波	PI/SS-双刚度	3	关键浪向	生存
1 000 年流	PI/SS-双刚度	1	关键浪向	生存
100 年波	PI/SS-双刚度	3	关键浪向	极端
100 年流	PI/SS-双刚度	1	关键浪向	极端
1 年波流	PI/SS-双刚度	3	关键浪向	操作
100 年波-1 内波	PI/SS-双刚度	3	关键浪向	极端
100 年流-1 内波	PI/SS-双刚度	1	关键浪向	极端
100 年波-10 内波	PI/SS-双刚度	3	关键浪向	生存
100 年流-10 内波	PI/SS-双刚度	1	关键浪向	生存
10 年波-10 内波	PI/SS-双刚度	3	关键浪向	极端
10 年流-10 内波	PI/SS-双刚度	1	关键浪向	极端

表 2 - 9 SPAR 破损工况总体性能分析

破 损 工 况	重 现 期
1 根锚缆破断	100 年波和 100 年流
2 根锚缆破断	10 年波和 10 年流
1 个水下舱室破损	10 年波和 10 年流
2 个水下舱室破损	静水工况和 1 年波流

平台系泊校核结果见表 2-10 和表 2-11。

通过计算发现,平台在各种工况下的极限偏移、最大倾斜角度与最小气隙均满足设计要求。

表 2-10 SPAR 系泊校核总体性能结果汇总表

环 境 条 件	最大偏移/%水深	最大倾角/°	最小气隙/m
极端-完整	4.8	3.4	7.2
极端-破损	6.2	3.8	6.5
生存	8.7	5.3	2.1

表 2-11 SPAR 系泊校核单根缆绳极限强度结果汇总表

环境条件	平台链安全系数		聚酯缆安全系数		躺地链安全系数	
	计算值	需用值	计算值	需用值	计算值	需用值
极端-完整	1.85	1.67	2.01	1.82	1.88	1.67
极端-破损	1.42	1.25	1.58	1.43	1.47	1.25
生存	1.13	1.00	1.25	1.10	1.17	1.00
极端-短期	1.15	1.05	1.28	1.17	1.21	1.05

系泊系统设计是一个反复过程,在初步设计完成后需要考虑多种工况,如完整工况、破损工况等,以及操作重现期为 100 年、1 000 年的极端环境条件,对系泊系统的破断强度进行规范校核。通过计算如发现不满足规范要求,就需要调整设计,重新校核,直到锚缆破断强度满足设计要求。

第 3 章　典型深水平台数值分析技术

深水平台总体设计确定了平台总体布置、总体尺度及重量、重心，结构设计确定了平台结构尺寸。根据设计要求需要采用数值分析的方法进行校核，使得平台总体性能、稳性及结构强度满足设计要求。该章简述了水动力学基本理论与方法。在此基础上分别介绍了典型深水平台总体性能、稳性、结构强度和疲劳寿命的分析方法，以及对计算结果的评价。

3.1　总体性能分析

3.1.1　总体性能理论与方法

1) 三维势流理论

　　在流体为均匀、不可压缩、无黏、无旋的假定下，流动的基本方程为关于速度势的线性 Laplace 方程，其定解条件包括非线性的自由面条件和物面条件、水底条件、辐射条件及初始条件等。在微幅运动的假定下，应用正则摄动法建立流场中不同阶次速度势必须满足的定解条件，精确到一阶，即所谓的线性理论，进而假定物体是在平衡位置附近作简谐摇荡运动，圆频率为 ω，采用分离变量法，可以得到定常空间速度势 ϕ 要满足的控制方程和定解条件如下。

　　在流场内（控制方程）

$$\nabla^2 \phi(x, y, z) = 0 \tag{3-1}$$

　　在 $z=0$ 上（自由表面条件）

$$\frac{\partial \phi}{\partial z} - \frac{\omega^2}{g} \phi = 0 \tag{3-2}$$

　　在物面上（物面条件）

$$\frac{\partial \phi}{\partial n} = -i\omega \bar{x}_j \tilde{n}_j \tag{3-3}$$

　　水底条件

$$\frac{\partial \phi}{\partial n}\bigg|_{z=-h} = 0 \ \text{或} \ \lim_{z \to -\infty} \nabla \phi = 0 \tag{3-4}$$

辐射条件

$$\lim_{R \to \infty} \sqrt{R} \left(\frac{\partial \phi}{\partial R} - ik\phi \right) = 0 \qquad (3-5)$$

式中　$\bar{x}_j$——物体某 j 个运动模态的运动幅值；

　　　$\tilde{n}_j$——物体某 j 个运动模态的广义法向分量；

　　　$R = \sqrt{x^2 + y^2}$；

　　　k——辐射波的波数。

应用迭加原理，将线性速度势 ϕ 分解为入射势 ϕ_i、绕射势 ϕ_d 和对应于物体各运动模态的辐射势 ϕ_{mj}：

$$\phi = \phi_i + \phi_d + \sum_{j=1}^{M} \phi_{mj} \qquad (3-6)$$

分别建立各自的定解条件，应用源汇分布法，通过数值计算得到物体附加质量、阻尼系数和波浪力等一系列水动力特性。

2）频域计算理论

频域计算是分析结构物在波浪上运动响应的一种经典方法，通过频域计算，可反映出浮式平台在频域内的水动力及其运动特性，从而对特定海洋环境下，浮式平台的运动响应进行短期预报和分析。

（1）频域运动方程

根据三维势流理论求得入射势、绕射势和辐射势之后，按照 Lagrange 积分公式得：

$$p(x, y, z, t) = -\rho \frac{\partial \phi}{\partial t} - \rho g z \qquad (3-7)$$

据此可以求出流场内的压力分布，将其沿物面积分，即可得到结构物所受的总流体作用力。该流体作用力由波浪激励力、流体反作用力及静回复力三部分组成。其中，波浪激励力由入射势和绕射势引起的压力积分得到；而流体反作用力则由辐射势所引起的压力积分得到，又称辐射力，可由附加质量和阻尼系数来表征。由此，得到结构物在频域下的一阶运动方程：

$$(m_{ij} + \mu_{ij})\ddot{x}_j + \lambda_{ij}\dot{x}_j + c_{ij}x_j = f_i, \; i=1, 2, \cdots, 6, \; j=1, 2, \cdots, 6 \quad (3-8)$$

式中　m——质量矩阵；

　　　μ——附加质量矩阵；

　　　λ——阻尼系数矩阵；

　　　c——回复力系数矩阵；

　　　f——结构物所受到的一阶波浪力。

上述各项均可通过速度势求得，即可得到频域下的水动力参数，进而求解得到结构物在频域下的运动响应。

（2）频域水动力参数

频域水动力参数主要包括附加质量、阻尼系数、一阶波浪力传递函数和二阶平均波浪力传递函数等。这些参数可为后续的时域模拟计算提供数据。

① 附加质量和阻尼系数。

根据三维势流理论，从辐射速度势和 Bernoulli 方程可以推导出，由于船体运动 η_j 所引起的船体所受载荷：

$$F_k = -A_{kj}\frac{\mathrm{d}^2\eta_j}{\mathrm{d}t^2} - B_{kj}\frac{\mathrm{d}\eta_j}{\mathrm{d}t} \tag{3-9}$$

式中　A_{kj}——附加质量系数；

　　　B_{kj}——阻尼系数，其是由于结构物做强迫谐振动所引起的稳态水动力力及力矩。

附加质量系数和阻尼系数是结构物形状、振动频率和前进速度的函数。此外，流场的深度和开阔度对附加质量系数和阻尼系数也有一定的影响。

② 一阶波浪激励力。

一阶波浪激励力包括入射波浪力和绕射波浪力两部分。在线性理论的假定条件下，一阶波浪力通常以频率响应函数的形式给出，以代表单位波浪作用下的系统响应，包括 RAO 和相位响应算子，与结构物的几何形状、位置及入射波的浪向有关。

③ 平均二阶波浪力。

二阶波浪力本质上是一种非线性力。浮体所受载荷除一阶波浪激励力外，还作用有定常的或缓变（低频）的波浪漂移力。对系泊的浮式海洋结构物而言，系泊系统提供的水平运动回复力相对较小，低频波浪漂移力的频率有可能与系统的水平运动固有频率相近而产生共振，产生大幅度水平运动，从而引起较大的系泊系统载荷。对于初稳性高度较低、水线面积较小的半潜式平台来说，定常横倾力矩可以引起较大的固定倾斜，从而直接影响平台的稳性。

可以运用远场积分法，求解得到平台在不同浪向下的平均二阶波浪力中较为重要的 3 个水平分量（纵荡、横荡和艏摇），并以平均波浪慢漂力二次传递函数曲线形式给出。

④ 平台运动响应。

在线性理论的假定下，可认为深水平台在波浪上的运动幅值与入射波的波幅成正比。本文给出了不同入射波方向下平台的六自由度的 RAO，由此可以进一步预报平台在任意不规则波作用下的运动响应情况。

3）时域计算理论

时域分析可模拟海洋结构物在一定时间范围及一定环境条件下的运动状态，同时也考虑前一时刻对后一时刻的影响，并且对于一些非线性水动力学问题直观地给出这些现象发生的具体时刻及事件发生的整个时间历程，如甲板上浪、波浪砰击等。

（1）低频时域运动方程

深水平台在风浪流作用下的低频运动方程为

$$
\begin{cases}
(m+\mu_{11})\ddot{x}_1+\mu_{12}\ddot{x}_2+\mu_{16}\ddot{x}_6+b_{11}\dot{x}_1=F_1^{\text{wind}}+F_1^{\text{current}}+F_1^{\text{wave}}+F_1^{\text{moor}} \\
\mu_{21}\ddot{x}_1+(m+\mu_{22})\ddot{x}_2+\mu_{26}\ddot{x}_6+b_{22}\dot{x}_2=F_2^{\text{wind}}+F_2^{\text{current}}+F_2^{\text{wave}}+F_2^{\text{moor}} \\
\mu_{61}\ddot{x}_1+\mu_{62}\ddot{x}_2+(I_{66}+\mu_{66})\ddot{x}_6+b_{66}\dot{x}_6=F_6^{\text{wind}}+F_6^{\text{current}}+F_6^{\text{wave}}+F_6^{\text{moor}}
\end{cases}
$$

$$(3-10)$$

式中　m——深水平台的质量；

　　　I——深水平台的惯性矩；

　　　μ_{ij}——附加质量；

　　　b_{ij}——阻尼系数；

　F_i^{wind}——i 方向上深水平台的风力；

　F_i^{current}——i 方向上深水平台的流力；

　F_i^{wave}——i 方向上深水平台的波浪力；

　F_i^{moor}——i 方向上深水平台的锚泊线张力（$i=1$、2、6）。

阻尼系数 b_{ij} 包括静水阻尼和波浪阻尼，深水平台的二阶波浪力 F_i^{wave} 应用二次传递函数和直接频率模拟技术进行计算。

锚泊线张力 F_i^{moor} 包括锚泊线的静态特性及其波频振荡的动态幅值函数。由于锚泊线的动力响应，在系统中必须引入附加阻尼。该阻尼成分非常复杂，不能用简单的线性阻尼来替代，它取决于振荡的频率和幅度、锚泊线的平均张力、水深及布置情况。

（2）波频时域运动方程

基于线性流体动力理论的波频时域运动方程可写为

$$
\sum_{j=1}^{6}\left[(M_{ij}+\mu_{ij})\ddot{x}_j(t)+\int_0^t K_{ij}(t-\tau)\dot{x}_j(\tau)d\tau+C_{ij}x_j(t)\right]=F_{wi}(t)\quad i=1,2,\cdots,6
$$

$$(3-11)$$

式中　$x_j(t)$——波频运动；

　　　M_{ij}——质量矩阵；

　　　C_{ij}——静回复力矩阵；

　　　μ_{ij}——频域里 $\omega\to\infty$ 时的附加质量矩阵 $\mu_{ij}(\infty)$；

　$K_{ij}(t)$——时延函数，表征自由面记忆效应产生的影响，由下式定义：

$$
K_{ij}(t)=\frac{2}{\pi}\int_0^\infty \lambda_{ij}(\omega)\cos(\omega t)d\omega \qquad (3-12)
$$

式中　$\lambda_{ij}(\omega)$——频域里的阻尼系数矩阵。若已知整个频率范围内的 $\lambda_{ij}(\omega)$，即可由式（3-12）计算得到时延函数 $K_{ij}(t)$。

$F_{wi}(t)$ 为 i 方向上的一阶波浪力,可根据 Cummins(1962)提出的脉冲响应方法与频域计算中得到的波浪力 $f_{wi}(\omega)$ 联系起来,即设

$$F_{wi}(t) = \int_{-\infty}^{\infty} h_i(t-\tau)\eta(\tau)\mathrm{d}\tau \qquad (3-13)$$

式中　$\eta(\tau)$——τ 时刻的波形坐标,当 $\eta(\tau)=\delta(\tau)$ 时,$F_{wi}(t)=h_i(t)$ 是脉冲响应。

$h_i(t)$ 又与频率响应互为 Fourier 变换,即

$$\begin{cases} f_{wi}(\omega) = \int_{-\infty}^{\infty} h_i(t)e^{-i\omega t}\mathrm{d}t \\ h_i(t) = \dfrac{1}{2\pi}\int_{-\infty}^{\infty} f_{wi}(\omega)e^{-i\omega t}\mathrm{d}t \end{cases} \qquad (3-14)$$

若已知整个频率范围内的 $f_{wi}(\omega)$,即可按上式求得 $h_i(t)$,然后按波浪时历 $\eta(\tau)$,即可求得时域中的一阶波浪干扰力。

4) 风载荷

深水平台的上层建筑较复杂,水面以上暴露于空气中的面积比较大,具有较大的风倾力矩,风载荷对于深水平台的运动响应有着至关重要的影响。

风载荷通常可通过风洞试验进行精确测量,但其花费大、耗时耗力,因此船舶与海洋结构物的数值分析中,通常将风力及风力矩表达为

$$F_{xw} = \frac{1}{2}C_{xw}\rho_w V_{wR}^2 A_T \qquad (3-15)$$

$$F_{yw} = \frac{1}{2}C_{yw}\rho_w V_{wR}^2 A_L \qquad (3-16)$$

$$M_{xyw} = \frac{1}{2}C_{xyw}\rho_w V_{wR}^2 A_L L_{pp} \qquad (3-17)$$

式中　V_{wR}——海平面以上 10 m 处的相对风速(m/s);

　　A_T——首向受风面积;

　　A_L——侧向受风面积(m^2);

　　L_{pp}——两柱间长(m);

　　ρ_w——空气密度,当气温为 20℃时,取 $\rho_w = 1.224 \times 10^{-3}$ kN·s²·m⁻⁴;

　　F_{xw}——纵向风力;

　　F_{yw}——横向风力;

　　M_{xyw}——艏摇风力矩;

　　C_{xw}——纵向风力矩系数;

　　C_{yw}——横向风力矩系数;

C_{xyw}——艏摇风力矩系数。

5）流载荷

作用于浮式平台上的流载荷由流作用力 $F_{current}$ 和力矩 $M_{current}$ 组成，同样具有分量 F_{xc}、F_{yc} 和 M_{xyc}，其一般表达式为：

$$F_{xc} = \frac{1}{2} C_{xc} \rho_c V_{cR}^2 T L_{pp} \tag{3-18}$$

$$F_{yc} = \frac{1}{2} C_{yc} \rho_c V_{cR}^2 T L_{pp} \tag{3-19}$$

$$M_{xyc} = \frac{1}{2} C_{xyc} \rho_c V_{cR}^2 T L_{pp}^2 \tag{3-20}$$

式中　V_{cR}——平均相对流速（m/s）；

$\quad\quad T$——平均吃水（m）；

$\quad\quad L_{pp}$——两柱间长（m）；

$\quad\quad \rho_c$——海水密度，当气温为 20℃ 时，取 $\rho_c = 1.224 \times 10^{-3}$ kN · s^2 · m^{-4}；

$\quad\quad F_{xc}$——纵向流力；

$\quad\quad F_{yc}$——横向流力；

$\quad\quad M_{xyc}$——艏摇流力矩；

$\quad\quad C_{xc}$——纵向流力系数；

$\quad\quad C_{yc}$——横向流力系数；

$\quad\quad C_{xyc}$——艏摇流力矩系数。

6）波浪力

浮式海洋结构物所受到的波浪载荷可分为一阶波浪力及作长周期大振幅慢漂运动的二阶波浪漂移力。

（1）一阶波浪力

根据 Cummins 脉冲响应方法与频域计算中得到的波浪力 $f_{wi}(\omega)$，即可得到一阶波浪力的时域方程：

$$F_i^{wave(1)}(t) = \int_{-\infty}^{t} h_i(t-\tau)\eta(\tau)d\tau \tag{3-21}$$

式中　$\eta(\tau)$ ——τ 时刻的波形坐标。$h_i(t)$ 与频率响应 $f_{wi}(\omega)$ 互为 Fourier 变换，已知整个频率范围内的 $f_{wi}(\omega)$，即可求得 $h_i(t)$，然后按波浪时历 $\eta(\tau)$，从而求得时域中的一阶波浪力 $F_i^{wave(1)}(t)$。

（2）二阶波浪漂移力

在前述频域计算中，已经计算出不同浪向不同频率下的二阶传递函数，应用

Fourier 变换,可以得到二次脉冲响应函数 $g(\tau_1, \tau_2)$,如下式:

$$g_i(\tau_1, \tau_2) = \left(\frac{1}{2\pi}\right)^2 \int_{-\infty}^{+\infty} \int_{-\infty}^{+\infty} G_i^{(2)}(\omega_1, \omega_2) e^{(i\omega_1 \tau_1 - i\omega_2 \tau_2)} d\omega_1 d\omega_2 \qquad (3-22)$$

$$G_i^{(2)}(\omega_1, \omega_2) = P(\omega_1, \omega_2) + iQ(\omega_1, \omega_2) \qquad (3-23)$$

$P(\omega_1, \omega_2)$,$Q(\omega_1, \omega_2)$ 即为前述频域分析中可以求得的二阶传递函数;τ_1,τ_2 为时间间隔。

给定波浪时历 $\zeta(t)$,即可计算出二阶波浪力的时历:

$$F_i^{\text{wave}(2)}(t) = \int_0^{+\infty} \int_0^{+\infty} g_i(\tau_1, \tau_2) \zeta(t-\tau_1) \zeta(t-\tau_2) d\tau_1 d\tau_2 \qquad (3-24)$$

7)数值实现过程

通常,用于预报浮体动态响应有 2 种分析方法:频域法和时域法。在时域法中,所有的非线性因素都能模型化,时域指是的在每个时间步长下,对质量、阻尼、刚度及载荷都进行重新计算,因此时域法的计算会变得比较复杂、费时。频域法则取决于叠加的线性化原则,因此必须通过直接线性化或者线性迭代消除所有的非线性因素。需要注意的是,在频域分析中的线性化只是针对平衡位置上的动态响应,非线性因素如决定平衡位置及低频运动幅度的非线性锚泊刚度可以通过频域分析近似获得。

时域法里,用于描述浮体平均响应,低频响应和波频响应的组合运动方程通过时域法获得。载荷方程包括由风、波浪、流引起的平均载荷、低频载荷、波频载荷。用于描述浮体、锚索的动态方程都包括在单一的时域模拟中。所有系统参数的时间历程(浮体位移、锚索张力、锚上受力等)均通过模拟获得,随后将得到的时间历程通过统计处理获得期望的极值。时域模拟的时间应足够长,以建立稳定的统计峰值。时域法可以用于模拟船体与锚泊系统之间的平均、低频、波频响应,这种方法需要有时域分析程序,用以求解船体、锚索之间的平均、低频、波频响应的运动方程。该方法的一个明显优点在于船体、锚索之间的低频阻尼在模拟中内部生成,能充分考虑船体与锚索之间的耦合。但是,这种方法对计算机性能及投入提出更高的要求。同时,这种方法需要通过模型试验或者其他分析方法进行确认。通常数值实现过程如下。

(1)建立深水平台的水动力学计算模型

建立深水平台的水动力学模型,对其外表面水下部分划分网格。通常深水平台的左右对称,所以只划分左半部分即可。

(2)深水平台水动力特性的频域计算

输入深水平台的重心坐标、排水量、惯性半径和回复力系数矩阵、水深等基本参数,在频域里计算深水平台在单位振幅不同频率规则波作用下的水动力特性,包括附加质量和阻尼系数矩阵、一阶波浪力/力矩及运动响应、二阶波浪漂移力响应(二阶传递函数)等。

（3）深水平台水动力性能的时域计算

计算步骤：

① 输入平台参数——浮式平台的主要参数、运动参考点位置坐标、水动力参数的频域计算结果。

② 输入海洋环境条件参数（可以考虑各种风浪流组合）——理论波浪谱、试验测量波浪谱、试验测量波浪时历、流速大小和流向、风速大小和风向。

③ 输入水深。

④ 输入锚泊系统参数——依据给定设计方案输入锚泊参数，将立管系统与锚泊系统合并作为总的系泊系统，并依据给定方案输入系统参数。

⑤ 运动的时域模拟——给定风浪流和水深等环境条件，对浮式平台在风浪流联合作用下的运动进行时域模拟计算，得到所有参考点处运动的时历曲线，并对运动时历进行统计分析和谱分析，得到统计分析结果和响应谱密度函数。

从单个时域模拟中得到的某个响应极值（偏移、锚索张力、躺底长度等）会随期望值变化。因此，为了对预报极值响应更有信心，必须使用统计技术及反复的模拟，模拟的次数取决于系统响应参数的极值特性及用来预报期望极值的统计方法的复杂性。

3.1.2　典型深水平台运动与系泊性能分析

1）半潜式平台总体性能分析

早期的半潜式平台一般都采用锚泊定位系统，但随着作业水深的不断增加，新的定位技术如动力定位技术的应用，使得半潜式平台的定位系统得到进一步的加强与完善。虽然动力定位技术因能自动适应定位要求快速安装、撤离，在深水、超深水条件下作业等方面已经具有相当的优势，但锚泊定位系统依然在半潜式平台的定位系统中扮演很重要的角色。单从经济性上看，无论是初期成本还是后期使用、维修成本，锚泊定位系统与动力定位系统相比都具有明显的优势，这也正是多年来锚泊定位系统始终得到广泛应用的主要原因。因此，对锚泊定位系统尤其是深水条件下的技术进行深入的分析研究是必不可少的。

悬链线式锚泊系统是半潜式平台最常使用的定位系统，这是一种用于深水平台的传统锚泊方式。

这里主要对半潜式平台的总体性能进行频域分析，计算平台的运动响应传递函数，预报平台的运动响应，并进行气隙分析。计算结果表明平台的运动性能良好，气隙在极端设计海况下基本满足要求。平台的主尺度见表3-1，装载工况见表3-2。

计算用模型如图3-1所示，湿表面模型最大单元尺寸为 $3.0\ \text{m} \times 3.0\ \text{m}$。通过施加0.03的临界附加阻力系数来模拟平台的垂荡附加阻尼。计算得平台3个主要固有周期见表3-3。

表 3 – 1 半潜式平台主尺度参数

主 尺 度 名 称	参数/m
立柱间距	68.0
浮箱宽	13.0
浮箱高	10.5
浮箱导角	1.5
立柱长	17.0
立柱宽	17.0
立柱高	43.5
立柱导角	2.5
浮箱/立柱中心距	68.0

表 3 – 2 半潜式平台装载工况

项　　目	参　　数
作业吃水	37.0 m
排水量	71 010.0 Mt
重心位置(x, y, z)	$(0\ m,\ 0\ m,\ 27.7\ m)$
横摇惯性半径	39.70 m
纵摇惯性半径	39.34 m
艏摇惯性半径	39.01 m
净气隙	18.5 m

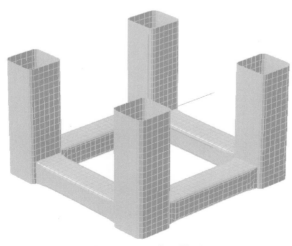

图 3 – 1 湿表面模型

表 3-3　平台固有周期

周　期　类　型	时长/s
垂荡固有周期	20.8
横摇固有周期	42.9
横摇固有周期	42.9

由表 3-3 可得,平台垂荡固有周期大于 19.5 s,横摇和纵摇固有周期在 30~50 s 范围内,满足设计要求。

计算采用坐标系如图 3-2 所示。坐标原点位于平台中心水面处,xoy 为水平面,z 轴正方向垂直向上。

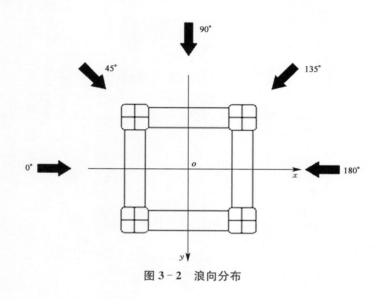

图 3-2　浪向分布

由于平台关于中纵剖面对称,故本次计算浪向取 0°~180° 区间,步长 15°,共 13 个浪向,浪向分布如图 3-3 所示。

波浪周期范围为 3~36 s,步长 1 s,并在 10~14 s、18~21 s 的周期区间以 0.5 s 和 0.25 s 的步长加密。

考虑到黏性的影响,在作业工况和生存工况的计算中,在垂荡方向加入 3% 的临界阻尼作为黏性阻尼。

为了预报平台整体运动性能和气隙,SCR 悬挂点运动参数及甲板上关键点的运动参数,特设监测点如图 3-4 所示。

首先计算了平台的运动 RAO,在此基础上对平台的运动性能及气隙进行频域分析。运动响应传递函数是指平台在单位波幅的规则波作用下的响应,是分析平台在不规则波中运动特性的基础。表 3-4 为正常作业和极端设计工况下平台的垂荡、横摇和纵摇的响应峰值及响应峰值周期。平台在生存工况下的运动 RAO 计算结果如图 3-5 和图 3-6 所示。

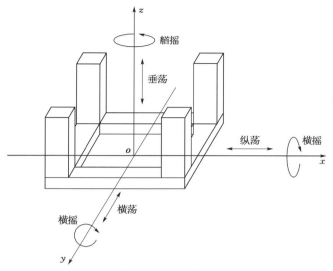

图 3-3　浪向分布

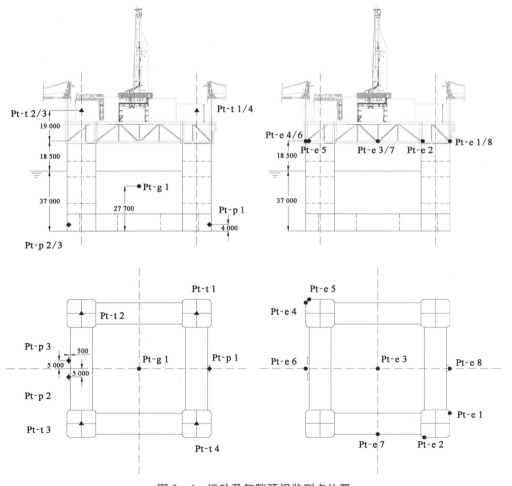

图 3-4　运动及气隙预报监测点位置

表 3-4　传递函数特性

工　况	作 业 工 况	生 存 工 况
垂荡固有周期	20.8 s	20.8 s
垂荡响应第一峰值周期	14.0 s	13.75 s
垂荡响应第一峰值	0.29 m/m	0.28 m/m
垂荡响应第二峰值周期	21.5 s	23.0 s
垂荡响应第二峰值	1.7 m/m	1.19 m/m
横摇固有周期	42.5 s	42.5 s
横摇响应峰值周期	13.0 s	13.0 s
横摇响应峰值	0.15°/m	0.15°/m
纵摇固有周期	42.3 s	42.3 s
纵摇响应峰值周期	13.0 s	13.0 s
纵摇响应峰值	0.14°/m	0.13°/m
TGM	4.89 m	4.89 m
LGM	4.89 m	4.89 m

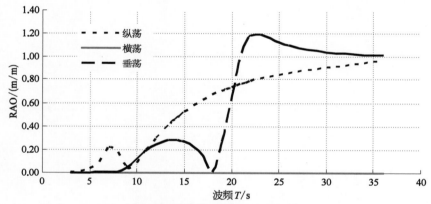

图 3-5　浪向为 0°时极端海况下的平动 RAO

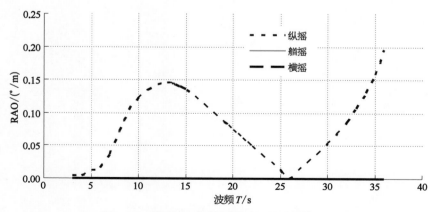

图 3-6　浪向为 0°时极端海况下的转动 RAO

运动响应预报采用频域分析方法,没有考虑锚泊链、缆及立管的作用。平台重心处运动幅值见表 3 - 5。

表 3 - 5　平台重心处运动幅值

工　况	重现期	浪向	平动/m			转动/°		
			纵荡	横荡	垂荡	横摇	纵摇	艏摇
正常作业	1 年	0°	3.10	0.00	2.14	0.00	1.03	0.00
		45°	2.25	2.25	2.10	0.95	0.95	0.00
		90°	0.00	3.01	2.14	1.01	0.00	0.00
极端作业	10 年	0°	5.31	5.31	2.99	0.00	1.40	0.00
		45°	3.51	3.51	2.93	1.29	1.29	0.00
		90°	0.00	0.00	2.99	1.40	0.00	0.00
极端设计	100 年	0°	7.38	0.00	3.92	0.00	1.67	0.00
		45°	5.29	5.29	3.87	1.51	1.51	0.00
		90°	0.00	7.38	3.92	1.67	0.00	0.00
生存工况	1 000 年	0°	9.65	0.00	4.87	0.00	1.95	0.00
		45°	6.90	6.90	4.82	1.76	1.76	0.00
		90°	0.00	9.65	4.87	1.95	0.00	0.00

根据风、流参数计算得到平台的倾角见表 3 - 6。

表 3 - 6　环境载荷造成的净倾角

环　境	100 年重现期		1 000 年重现期	
	风、流同向		风、流同向	
	方向 2	方向 3	方向 2	方向 3
方向	45°	90°	45°	90°
风速	49.5 m/s	49.5 m/s	59.4 m/s	59.4 m/s
流速	1.79 m/s	1.79 m/s	2.01 m/s	2.01 m/s
风流引起的倾斜角	4.70°	3.85°	5.96°	4.66°

经过总体性能分析可以得出课题设计的半潜式平台运动性能优良,基本可以满足作业要求。

① 固有周期范围合理。平台垂荡固有周期 20.8 s,纵横摇固有周期 42.9 s,基本上避开了波浪能量集中范围。

② 运动性能良好。垂荡 RAO 第一峰值出现在第 14 s,为 0.287 m/m,满足设计

要求(垂荡 RAO 不大于 0.35 m/m)。极端设计工况下垂荡运动幅值为 3.92 m,极端生存工况下垂荡运动幅值为 4.87 m(波频),最大横摇角度为 1.67°,最大纵摇角度为 1.95°。

③ 立管悬挂点相对运动较小。极端设计工况下垂荡运动幅值为 4.05 m(波频),纵横荡幅值 8.01 m,极端生存工况下垂荡运动幅值为 5.05 m(波频),纵横荡幅值 10.38 m(波频)。

④ 100 年重现期环境条件气隙可满足要求,1 000 年重现期海况气隙需要进一步优化验证。

⑤ 后期工作。需要结合立管的疲劳分析优化平台的运动性能。

2) SPAR 总体性能分析

SPAR 目前已经投入使用的有 3 种结构形式:传统式、桁架式和蜂窝式。在深水油气田开发中,桁架式是广泛应用的一种。桁架式 SPAR 主体由上部的硬舱、下部的软舱及中间连接两者的桁架组成,采用多根锚链系泊,其具有应用时间长、分布范围广、平台数量多、设计理论成熟、没有专利问题等优点。SPAR 在主要应用于美国墨西哥湾,在东南亚和北海也有使用。

SPAR 主要包括以下 4 个部分(图 3-7):

① 上部模块——甲板结构、生产处理模块、钻井模块、生活居住模块。

② 平台浮体——浮体结构(硬舱、软舱、桁架)、船机电系统、压载水舱、液体储藏罐/舱、固体压载。

③ 系泊系统——系泊缆绳、桩基。

④ 立管系统——生产顶部张力立管、外输立管。

与其他深水浮式平台相比,SPAR 最与众不同的地方是它的吃水深(约 150 m),这使得它具有较好的运动性能。由于在底部软舱使用固体压载,这使得它的重心低于浮心,从而具有无条件稳性。另外,SPAR 还采用垂荡板来减低垂向运动和使用螺旋环板来抑制涡激运动。

SPAR 主尺度设计主要输入变量包括:

上部模块

硬舱

桁架

软舱

图 3-7 SPAR 主要组成示意图

① 环境条件——水深、海况（风、流、浪、潮汐、内波等）。

② 有效载荷——上部模块重量及偏心、甲板辅助结构重量、生活/运作液体、立管载荷及偏心。

③ 系统响应要求——位移、转角、气隙、加速度、运输安装方案。

根据项目提供的设计基础及工业界普遍使用的设计规范/要求，SPAR 的主尺度确定见表 3-7，主尺度剖面如图 3-8、图 3-9 所示。

表 3-7　SPAR 的主尺度

设 计 参 数	基 本 设 计
排水量	96 688 t
总长度	169.2 m
吃水	152.4 m
干舷	16.8 m
直径	39 m
硬舱长度	82.6 m
软舱长度	6.4 m
浮舱长度	5.8 m
浮舱高度	11.8 m
中央井尺度	15.4 m
桁架长度	80.2 m
垂荡板个数	2
系泊系统	CPC

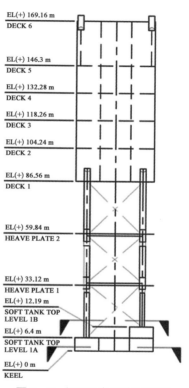

图 3-8　SPAR 主尺度纵剖面

对 SPAR 的总体性能分析采用的是工业界流行的时域耦合分析方法，采用的规范主要包括：API RP 2FPS，Recommended Practice for Planning，Designing，and Constructing Floating Production Systems；ABS "Guide for Building and Classing Floating Production Installations"。

在 SPAR 的总体性能分析建模中，在其湿表面模型水线附近局部加密，其结构模型采用结构有限元模型。SPAR 的分析模型如图 3-10 所示，其总体性能分析要求见表 3-8。

在水动力分析中，采用势流理论、频域分析法，考虑系泊、TTR、SCR 对平台运动的影响。

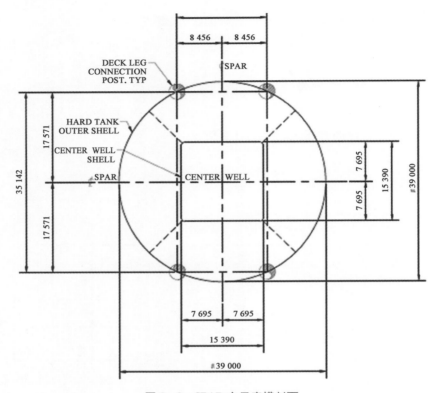

图 3-9 SPAR 主尺度横剖面

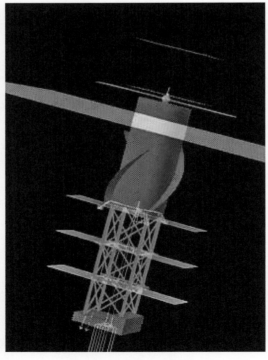

图 3-10 SPAR 分析模型

表 3-8　SPAR 总体性能分析要求

工　况	链	缆	偏　移	倾　角
极端(完整)	1.67	1.82	<7%WD	<9°
极端(根破断)	1.25	1.43	<8.5%WD	
生存	1.00	1.10	<10%WD	
极端(暂时)	1.05	1.17		

在时域耦合分析中,考虑系泊、TTR、SCR 对平台运动的影响,对风和浪考虑 3 组不同的随机种子。

根据工业界规范要求和项目设计基础数据,总体性能分析的工况包括完整工况(表 3-9)和破损工况(表 3-10)。其中,完整工况包括有内波和无内波 2 种海况。

表 3-9　SPAR 总体性能分析完整工况

环境条件	系泊刚度	种子数	浪　向	工　况
1 000 年波	PI/SS-双刚度	3	关键浪向	生存
1 000 年流	PI/SS-双刚度	1	关键浪向	生存
100 年波	PI/SS-双刚度	3	关键浪向	极端
100 年流	PI/SS-双刚度	1	关键浪向	极端
1 年波流	PI/SS-双刚度	3	关键浪向	操作
100 年波-1 年内波	PI/SS-双刚度	3	关键浪向	极端
100 年流-1 年内波	PI/SS-双刚度	1	关键浪向	极端
100 年波-10 年内波	PI/SS-双刚度	3	关键浪向	生存
100 年流-10 年内波	PI/SS-双刚度	1	关键浪向	生存
10 年波-10 年内波	PI/SS-双刚度	3	关键浪向	极端
10 年流-10 年内波	PI/SS-双刚度	1	关键浪向	极端

表 3-10　SPAR 总体性能分析破损工况

破　损　工　况	环　境　条　件
1 根锚链破断	100 年波和 100 年流
2 根锚链破断	10 年波和 10 年流
1 个水下罐破损	10 年波和 10 年流
2 个水下罐破损	静水工况和 1 年波流

SPAR 总体性能分析的结果见表 3-11,满足设计要求。

表 3-11 SPAR 总体性能分析结果概要

工 况	最大偏移/%WD	最大倾角/°	最小气隙/m
极端(完整)	4.8	3.4	7.2
极端(一根锚链破断)	6.2	3.8	6.5
生存	8.7	5.3	2.1

3) TLP 总体性能分析

TLP 目前已经投入使用 4 种结构形式中,传统式 TLP 具有应用时间长,分布范围广,平台数量多,设计理论成熟,没有专利问题等优点,近年来在工业界受到越来越多的重视。TLP 在世界各地已成功地应用于深水油气田的开发中,如北海、墨西哥湾、巴西、西非、东南亚等。

TLP 主要包括以下 4 个部分(图 3-11):

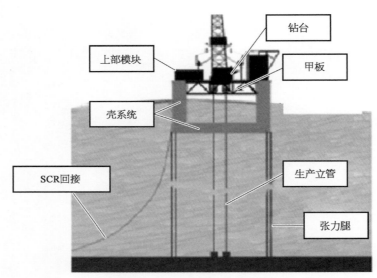

图 3-11 TLP 主要组成部分

上部模块——甲板结构、生产处理模块、钻井模块、生活居住模块。

平台浮体——浮体结构、船机电系统、压载水舱、液体储藏罐/舱。

系泊系统——张力腿、基础。

立管系统——生产顶部张力立管、外输立管。

与其他深水平台相比,TLP 最与众不同的地方在于它的系泊系统是由垂直的张力腿组成的,因此 TLP 垂向刚度和横向柔性较大。张力腿的外径一般在 24~44 in。平台的位移限制是靠张力腿张力在水平方向的分量来实现,所以,平台水平回复力的大小取决于张力腿的张力。因此,平台的相当一部分浮力/排水量是用来维持张力腿张力的。

TLP 的运动如图 3－12 所示。

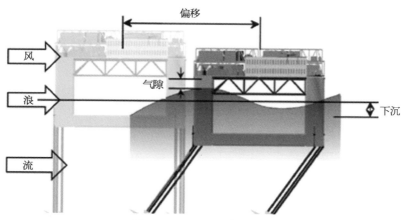

图 3－12　TLP 运动示意图

　　设计 TLP 的一个主要出发点是使平台的垂荡、纵摇和横摇运动固有周期维持在 2～4 s,远离波浪周期,从而避免共振、降低运动幅值。

　　TLP 主尺度设计主要输入变量包括以下 3 个部分:

　　环境条件:水深、海况(风、浪、流、潮汐、内波等)。

　　有效载荷:上部模块重量及偏心、甲板辅助结构重量、生活/运作液体、立管载荷及偏心。

　　系统响应要求:位移、气隙、张力腿最大/最小张力、运输安装方案。

　　TLP 的主尺度见表 3－12,其纵剖面和横剖面如图 3－13 和图 3－14 所示。

表 3－12　TLP 的主尺度

项　　目	数　　值
立柱直径	23.75 m
立柱中心间距	61.00 m
立柱高度	57.45 m
浮箱高度	9.50 m
浮箱宽度	12.35 m
设计在位吃水	30.00 m
排水量	73 658 t
张力腿根数	12
张力腿预张力(每根)	1 606 t
张力腿直径	34～42 in
张力腿壁厚	1.42～1.69 in

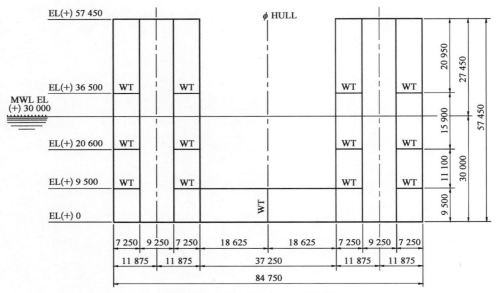

图 3‒13 TLP 主尺度——纵剖面

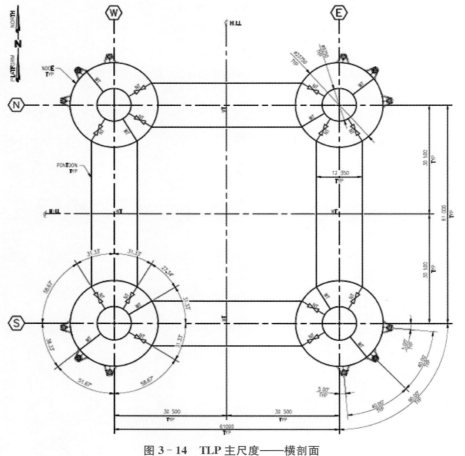

图 3‒14 TLP 主尺度——横剖面

　　TLP 的总体性能分析采用的是工业界流行的时域耦合分析方法,在 TLP 的总体性能分析建模中,在湿表面模型(图 3-15)水线附近局部加密,并且结构模型采用结构有限元模型;在水动力(图 3-16 为水动力模型)分析中,采用势流理论、频域分析方法,考虑张力腿、TTR、SCR 对平台运动的影响;在时域耦合(图 3-17 为时域耦合模型)分析中,考虑张力腿、TTR、SCR 对平台运动的影响,风和浪考虑 3组不同的随机种子。

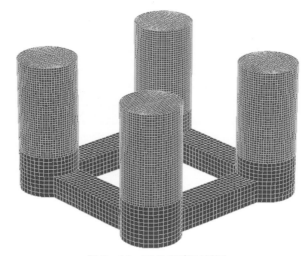

图 3-15　TLP 湿表面模型

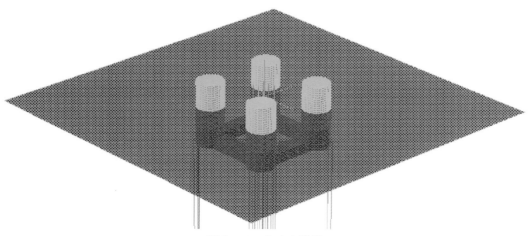

图 3-16　水动力模型

　　根据工业界规范要求和项目设计基础数据,总体性能分析的工况包括完整工况和破损工况。其中,完整工况包括有内波和无内波 2 种情况(表 3-13);破损包括有补偿和无补偿 2 种情况(表 3-14)。

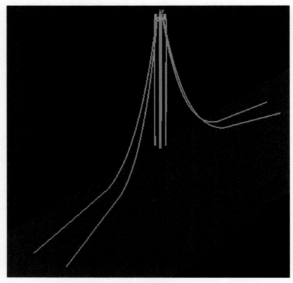

图 3-17　时域耦合模型

表 3-13　TLP 总体性能分析完整工况

重 现 期	风	浪	流	水 位	内 波
1 000 年波	1 000	1 000	100	10	No
1 000 年流	100	100	1 000	10	No
100 年波	100	100	10	1	No
100 年流	10	10	100	1	No
10 年波	10	10	1	1	No
10 年流	1	1	10	1	No
1 年波流	1	1	1	HAT/LAT	No
100 年波-1 年内波	100	100	10	1	1
100 年流-1 年内波	10	10	100	1	1
10 年波-1 年内波	10	10	1	1	1
10 年波-1 年内波	1	1	10	1	1
100 年波-10 年内波	100	100	10	1	10
100 年流-10 年内波	10	10	100	1	10
10 年波-10 年内波	10	10	1	1	10
10 年流-10 年内波	1	1	10	1	10

表 3-14　TLP 总体性能分析破损工况

工　　况	重现期	风	浪	流	水 位	方 向	备 注
1 根张力腿移除	10 年波	10	10	1	1Y/H	315	不补偿
	1 年波	1	1	1	HAT	315	不补偿

（续表）

工　　况	重现期	风	浪	流	水　位	方向	备　注
1 根张力腿充水	10 年波	10	10	1	1Y/H	135	不补偿
	1 年波	1	1	1	HAT	135	不补偿
单舱破损	10 年波	10	10	1	1Y/H	135	不补偿
	1 年波	1	1	1	HAT	135	不补偿
1 根张力腿移除	100 年波	100	100	10	1Y/H	315	补偿
	10 年波	10	10	1	1Y/H	315	补偿
1 根张力腿充水	100 年波	100	100	10	1Y/H	135	补偿
	10 年波	10	10	1	1Y/H	135	补偿
单舱破损	100 年波	100	100	10	1Y/H	135	补偿
	10 年波	10	10	1	1Y/H	135	补偿

TLP 总体性能分析如下，见表 3 - 15。

表 3 - 15　TLP 总体性能分析结果概要

工　　况	水平偏移/m	垂向位移/m	平均偏移/m	倾角/°	最大顶部张力/t	最小底部张力/t
完整工况无内波	163.34	8.52	134.04	1.25	3 642.06	1 052.95
完整工况 1 年内波	156.44	7.85	141.74	0.78	3 251.78	1 854.31
完整工况 10 年内波	160.50	8.26	146.23	0.79	3 301.86	1 279.33
1 根张力腿进水未补偿	90.71	2.73	73.77	0.32	2 207.37	902.63
1 根张力腿进水压载补偿	127.60	5.29	107.55	0.70	2 655.25	931.51
1 根张力腿移除未补偿	86.43	2.09	68.53	0.62	3 406.32	1 156.33
1 根张力腿移除压载补偿	84.40	2.12	72.08	0.32	2 796.66	1 412.98
单舱进水未补偿	94.65	3.04	78.08	0.46	2 323.13	588.15
单舱进水压载补偿	135.93	6.14	117.17	0.70	2 515.41	734.44

① 对于完整工况不考虑内波情况：平台最大水平位移、下沉和倾角发生在 1 000 年风浪主控、设计低水位海况，偏移值为 163.3 m（水深的 11%），下沉值为 8.5 m；张力腿最大顶部张力发生在 1 000 年风浪主控、设计高水位海况，张力值为 3 642 t；1 000 年海况条件下最小净气隙为 -1.8 m（至主甲板下骨材的下缘，骨材高为 2 m）；100 年海况条件下最小净气隙为 3.9 m。

② 对于完整工况考虑 1 年内波：平台最大水平位移、下沉和倾角发生在 100 年流主控、设计低水位海况，偏移值为 156.4（水深的 10%），下沉值为 7.9 m；张力腿最大顶部张力发生在 100 年流主控、设计高水位海况，张力值为 3 252 t。

③ 对于完整工况考虑 10 年内波：平台最大水平位移、下沉和倾角发生在 100 年流主控、设计低水位海况，偏移值为 160.5（水深的 11%），下沉值为 8.3 m；张力腿最大顶部张力发生在 100 年流主控、设计高水位海况，张力值为 3 302 t。

④ 对于破损工况考虑 1 根张力腿移除：对于未补偿工况，张力腿最大顶部张力发生在 10 年风浪主控、设计高水位海况，张力值为 3 406 t；对于补偿工况，张力腿最大顶部张力发生在 100 年风浪主控、设计高水位海况，张力值为 3 474 t。

⑤ 对于破损工况考虑 1 根张力腿充水：对于未补偿工况，张力腿最小底部张力发生在 10 年风浪主控、设计低水位海况，张力值为 902.63 t；对于补偿工况，张力腿最小顶部张力发生在 100 年风浪主控、设计低水位海况，张力值为 931.51 t。

⑥ 对于破损工况单舱进水：对于未补偿工况，张力腿最小低部张力发生在 10 年风浪主控、设计低水位海况，张力值为 588 t；对于补偿工况，张力腿最小顶部张力发生在 100 年风浪主控、设计低水位海况，张力值为 734 t。

随着海洋开发不断向深海发展，海上结构物在极端波浪条件下产生的瞬态高频共振响应现象越来越受到人们的重视。高频共振响应现象是指海上结构物在恶劣海况下发生的一种近似瞬态的高频共振响应，其频率远高于波浪主导波的频率，其振动幅度可达到一阶、二阶波浪同风动力共同作用达到的程度。

TLP 是一种典型的深水平台，它凭借着运动性能好、结构安全性好、造价低等优势，在近 20 年得到了广泛和迅速的发展。TLP 在张力腿系泊系统张力变化和平台本体浮力变化控制下，平台平面内（横荡、纵荡、艏摇）的运动固有频率低于波浪频率，而平面外（垂荡、横摇、纵摇）的运动固有频率高于波浪频率。因此整个结构的频率跨越在海浪的一阶频率谱两端，从而避免了结构在海浪能量集中的频率发生共振，使平台结构受力合理，动力性能良好。但是，波浪的高频分量会引起 TLP 平面外的共振，通常称为弹振和鸣振，TLP 结构的这两个问题随着水深的增加而加剧，对结构的安全性有很大的影响。尽管鸣振现象极少发生，但由鸣振引起的张力腿张力与平台垂荡、横摇和纵摇产生的一阶张力腿张力处于相同甚至更高的水平，所以鸣振现象的影响对于 TLP 的设计而言是不容忽视的。

根据前人关于海上结构物高频共振响应的研究工作所取得的研究成果，可以得到高频共振响应现象的一些特征：

① 高频共振响应通常从产生至达到最大值只需 2～3 个波浪周期。

② 实验室研究结果统计表明，高频共振响应对 TLP 的纵摇和横摇影响很大，而对艏摇几乎不影响。

③ 高频共振响应的统计分布表现出很强的偏态，其最大值和标准值之比的典型值可达 7～11，而弹振响应的最大值和标准值之比的典型值为 4。

④ 高频共振响应与海浪的非线性特性密切相关，研究人员指出强非对称海浪引起的冲击力能引起高频共振响应，且响应极其依赖于波浪速度和方向。

⑤ 高频共振响应对海浪水质点的运动特性极其敏感。

⑥ 高频共振响应对结构物的固有频率极其敏感。

目前,对于高频共振响应现象数值方面的模拟大部分局限于小尺度物体,而高频共振响应现象的模拟涉及强非线性波浪与结构物相互作用问题。因此,建立非线性水波模型来模拟这一现象是非常有必要的。海上结构物高频共振响应的影响因素很多,高频共振响应现象产生的机理有待进一步研究。

3.2　稳　性　分　析

稳性是指浮体偏离平衡位置后能否回复到平衡位置的静态能力,主要取决于浮体受到的风载荷与浮体本身的静水回复特性。对于半潜式平台、SPAR、TLP 等,针对其稳性分析从工况上可分为拖航稳性与在位稳性;而从平台完整性方面划分,又可分为完整稳性与破舱稳性。稳性校核的目的是在确定设计参数条件下,验证各项技术指标是否符合设计衡准要求。而从设计角度,设计者更加关注不同设计参数对稳性指标的影响趋势与程度,从而在设计之初尽可能为各项指标留足安全冗余度,并且为平台日常操作提供指导。设计者通常将不同装载条件下的重心垂向位置作为变量,通过不断调整重心垂向高度,检验各稳性指标的变化,从而确定制约平台稳性安全的关键因素,并得到平台完整工况许用重心高度曲线。

3.2.1　稳性要求与规范

深水平台通常为柱稳式平台,稳性分析以 IMO、ABS 与 CCS 的稳性规范作为校核依据:

① International Maritime Organization（IMO）, Code for the Construction and Equipment of Mobile Offshore Drilling Units（Consolidated Edition 2001）.

② American Bureau of Shipping（ABS）, Rules for Building and Classing Mobile Offshore Drilling Units（2012）.

③ 中国船级社(CCS),移动平台入级与建造规范(2005)。

1) 完整稳性计算方法与假设

完整稳性衡准基于 ABS MODU 2008、ABS MODU 2012、IMO MODU 2001 与 CCS MODU 2005 规范综合给出,具体如下:

① 对于无限制的海洋结构物而言,其常规的钻井和运输工况计算风速应至少为

36 m/s(70 kn),风暴自存工况风速应至少为 51.4 m/s(100 kn)。

② 对于柱稳式平台而言,回复力矩曲线自 0°横倾角至进水点或第二交点处以下的投影面积应大于对应角度范围的风倾力矩下投影面积的 1.3 倍(式 3-25),如图 3-18 所示。

$$(A+B) \geqslant 1.3(B+C) \qquad (3-25)$$

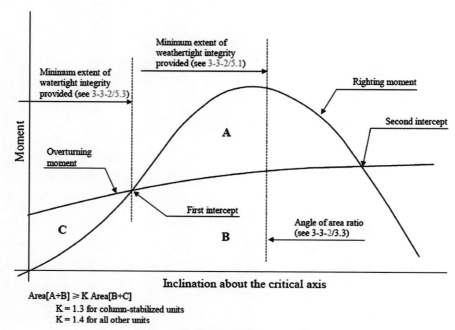

图 3-18 柱稳式平台完整稳性曲线

③ 回复力矩曲线从正浮至第二交点的所有角度范围内均应为正值(式 3-26),且在所有漂浮作业工况的整个吃水范围内,经自由液面修正后的初稳性高度应不小于 0.15 m。

$$\overline{GZ_R} \geqslant 0(0° \leqslant \theta \leqslant \theta_2) \qquad (3-26)$$

④ 当平台处于完整状态时,假设自动关闭系统可以使风雨密开口有效关闭从而保证其水密性,因此在完整稳性校核中,风雨密开口应被处理为水密,因而仅需考虑非保护开口的影响。

2) 破舱稳性计算方法与假设

(1) 破舱范围

依据 ABS MODU 2012 与 IMO MODU 2001 规范,平台破舱类型主要分为 2 种:碰撞破舱与累积进水工况。

对于碰撞破舱而言,应假设其仅发生于平台作业及迁移工况,破舱范围包括:

　　① 若立柱破舱仅发生在靠近外侧表面的舱室,破舱可能发生在水面以上 5 m、水面以下 3 m 的区域内,破舱的垂向尺度为 3 m,如果破舱范围内有水平舱壁,则假定与该水平舱壁邻近的两个舱室均发生破舱。

　　② 垂向水密舱壁不假设为破舱,仅当垂向水密舱之间的间距小于立柱周长的 1/8 时,此时应假设垂向水密舱壁失效从而导致多个舱室发生破舱。

　　③ 立柱发生破舱时,破口入侵深度为 1.5 m。

　　④ 浮筒或横撑破舱仅在浅吃水工况或运输过程中发生,破舱范围与程度与立柱相同。

　　对于累积进水而言,应假设其仅发生于水面以下的单个水密舱室,包括任何作业吃水条件,破舱范围包括:

　　① 包含用于调整压载的泵的舱。

　　② 包含海水冷却系统的舱。

　　③ 与海水相邻的舱。

　　(2) 破舱稳性衡准

　　破舱稳性衡准基于 ABS MODU 2012 与 CCS MODU 2005 综合规范给出,具体如下:

　　① 对于碰撞破舱而言,回复力矩曲线在第一交点至第二交点或第一个非保护进水点间的距离大于 7°,此时的风速为 25.8 m/s(50 kn);回复力矩曲线在第一交点至第二交点或第一个非保护进水点间至少存在某一角度,此处回复力矩可达到风倾力矩的 2 倍或以上,此时的风速为 25.8 m/s(50 kn),如图 3-19 所示。发生破舱后,在 50 kn 风

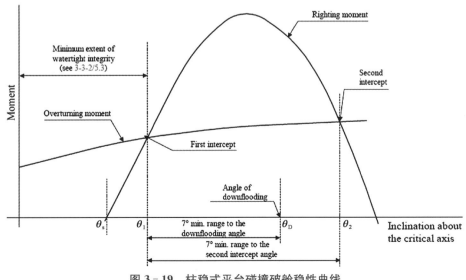

图 3-19　柱稳式平台碰撞破舱稳性曲线

力作用下,风雨密完整性应至少高于静水面 4 m 且最终进水角大于目前的平衡角至少 7°,平台倾斜角度不大于 17°,如图 3-20 所示。

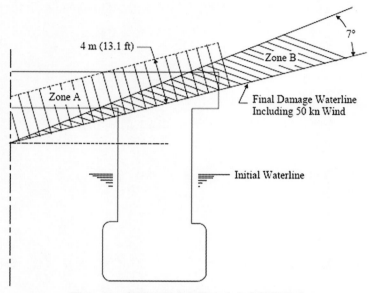

图 3-20 柱稳式平台的最小水密完整性要求

② 对于累积进水而言,浸水后无风条件下平台的倾角应不大于 25°,位于最终水线以下的任何开口均应为水密,回复力矩曲线在第一交点至第二交点或第一个非保护进水点间的距离大于 7°,如图 3-21 所示。

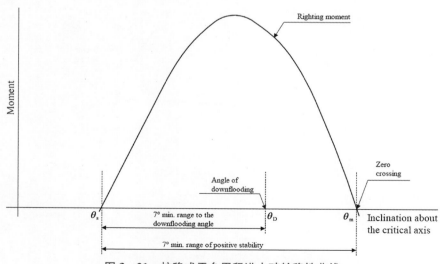

图 3-21 柱稳式平台累积进水破舱稳性曲线

③ 当平台破舱之后,假设自动关闭系统已失效,因而不能阻止海水从风雨密开口处涌入,此时的风雨密开口应被视为进水点。

3.2.2　典型深水平台稳性分析

本节将分别针对半潜式平台、SPAR 和 TLP 进行稳性校核,给出稳性分析的主要校核指标与结果。

1) 半潜式平台稳性分析

假定半潜式平台场址的水深约 1 500 m,平台设有 5 口湿式井,采用 SCR 回接的方式,将水下井口采出的气体输送到平台处理设施。半潜式平台预留井槽数为 3 个,用于回接 SCR。气体经平台处理设备处理后通过在平台一侧的外输 SCR 输出。

半潜式平台稳性分析采用 MOSES 计算软件,船体甲板以下部分在 MOSES 中建模,如图 3 - 22 所示。风力计算基于 IMO.749(18)规范,同时考虑形状系数和高度系数。

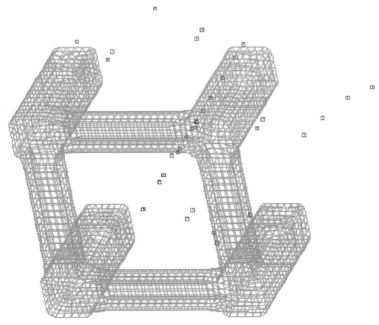

图 3 - 22　MOSES 中平台甲板以下部分模型

稳性分析包括完整稳性与破舱稳性两大部分,具体计算工况包括:

(1) 完整稳性

工况一:湿拖完整稳性——风速 36 kn,吃水 10.4 m。

工况二:作业完整稳性——风速 36 kn,吃水 37 m。

工况三:生存完整稳性——风速 100 kn,吃水 37 m。

（2）破舱稳性

工况四：湿拖破舱稳性——风速 50 kn。

工况五：作业破舱稳性——风速 50 kn。

稳性分析基于 ABS MODU 2008 规范，半潜式平台的稳性应满足的完整稳性与破舱稳性准则。

半潜式平台的分舱信息如图 3-23 所示，稳性计算所定义的进水点坐标见表 3-16。

表 3-16 进水点坐标

进水点编号	坐 标		
	x	y	z
fl1	42.5	42.5	54
fl2	−42.5	42.5	54
fl3	42.5	−42.5	54
fl4	−42.5	−42.5	54

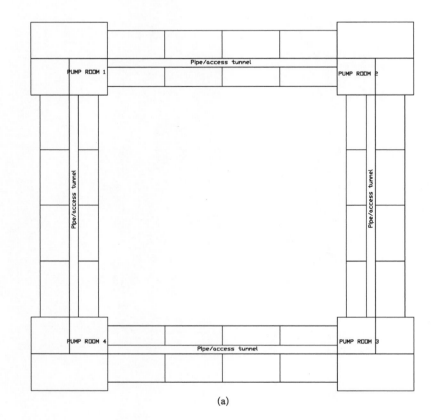

(a)

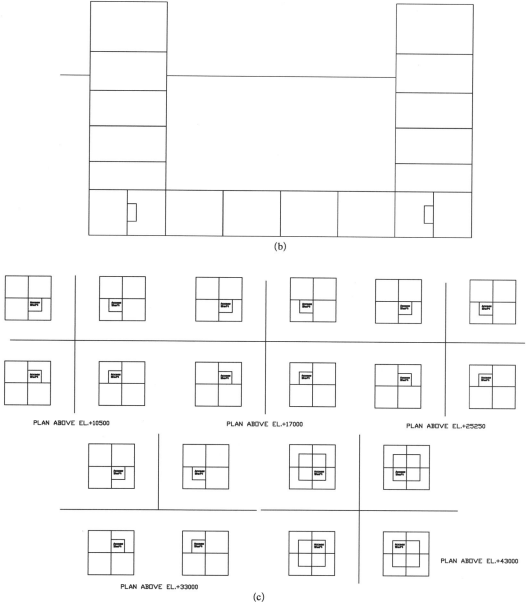

图 3 - 23　平台分舱示意图(软件出图)

(a) 平台舱容俯视图;(b) 平台舱容主视图;(c) 不同型深位置处的剖面图

　　完整稳性计算中的平台复原力臂、风倾力臂及进水角通过 MOSES 建模计算得到,计算中考虑了绕不同倾覆轴的稳性分析,倾覆轴包括:0°、45°、90°和 135°。表 3 - 17 比较了湿拖情况下 4 个倾覆轴完整稳性的计算结果,可以看出倾覆轴为 135°时得到的计算结果为最恶劣工况。因此,在后续分析中,仅对绕该倾覆轴的稳性进行分析。

表 3-17　绕不同方向倾覆轴完整稳性计算结果(湿拖工况)

项　目	数　值			
倾覆轴	0°	45°	90°	135°
风速/(m/s)	36	36	36	36
吃水/m	10.34	10.34	10.34	10.34
进水点高度/m	42.00	39.51	42.20	39.03
进水角/°	39.43	32.95	39.44	32.95
GM/m	40.48	40.48	40.48	40.48
第一交点/°	1.83	3.27	1.53	3.63
第一交点至进水角范围/°	37.59	29.68	37.91	29.32
面积比	8.47	4.03	9.50	3.94

　　各个工况下完整稳性计算结果见表 3-18。从结果可以看出,湿拖、作业及生存工况下,复原力臂和风倾力臂曲线的第一交点的角度值分别为 3.63°、4.83°和 6.25°。平台的完整稳性满足规范的要求。各工况下的复原力臂和风倾力臂的静稳性曲线如图 3-24、图 3-25、图 3-26 所示。

表 3-18　完整稳性计算结果

项　目	工　况			
	湿　拖	作　业	生　存	要　求
风速/(m/s)	36	36	51.5	—
吃水/m	10.34	37.11	37.06	—
进水点高度/m	39.03	11.77	10.30	—
进水角/°	32.95	15.69	15.73	—
GM/m	40.48	4.32	6.47	—
第一交点/°	3.63	4.83	6.25	—
第一交点至进水角距离/°	29.32	10.86	9.48	—
面积比	3.94	1.83	1.32	1.3
复原力臂曲线	正值	正值	正值	正值
是否满足要求	是	是	是	—

　　破舱稳性计算中的平台复原力臂、风倾力臂及进水角通过 MOSES 建模计算得到,其中,根据 5.3.1 中的讨论,仅对绕 135°倾覆轴的稳性进行分析。

　　根据 ABS 的规范要求,需要考虑水线以上 5 m、以下 3 m 区域内任意 3 m 高度范围舱体进水,因此,在湿拖工况下考虑了拖航水线附近两个舱室 WPS11 和 SWNW1 的同时破坏。此外,规范还规定竖直方向的密闭舱壁不考虑其破损,除非舱壁间距小于立柱

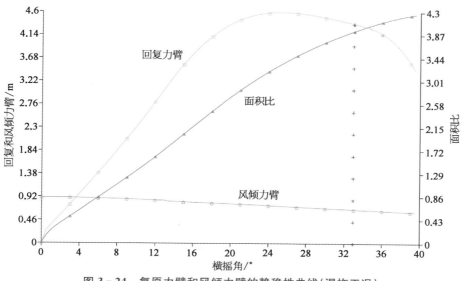

图 3 - 24　复原力臂和风倾力臂的静稳性曲线(湿拖工况)

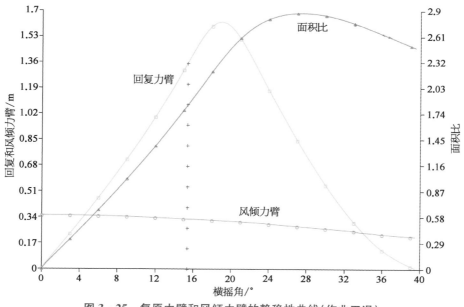

图 3 - 25　复原力臂和风倾力臂的静稳性曲线(作业工况)

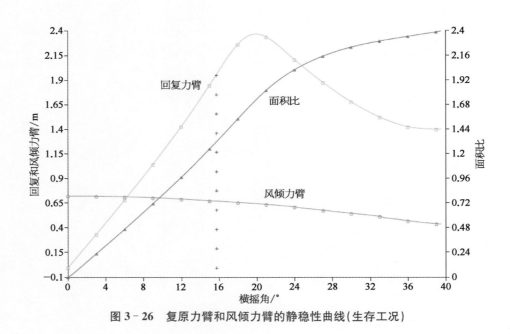

图 3-26 复原力臂和风倾力臂的静稳性曲线(生存工况)

吃水处从外围测量周长的 1/8,此时中间的一道或多道舱壁将视为非密闭。因此在作业工况下,考虑到平台的对称性,分析了水线附近三个舱室单独破坏的情况,即 SWNW3、SWSW3 和 SWSE3。

各个工况下破舱稳性计算结果见表 3-19,计算结果显示平台的破舱稳性满足规范的要求。

表 3-19 破舱稳性计算结果

项　目	工　况				要　求
	拖　航	作　业			
破坏舱室	WPS11、SWNW1	SWNW3	SWSW3	SWSE3	—
起始吃水/m	10.34	37.11	37.11	37.11	—
风速/°	50	50	50	50	—
破坏舱室内液体重量/Mt	1 044.09	305.19	364.15	510.56	—
破舱后吃水/m	12.62	37.32	37.33	37.31	—
进水点高度(平均水线之上)/m	31.52	9.86	9.39	10.05	>4
进水角/°	32.44	15.37	15.37	15.37	—
第一交点至进水角距离/°	23.62	9.09	8.65	9.27	>7
第一交点/°	8.82	6.28	6.72	6.10	—
GM/m	11.45	3.26	3.28	3.35	—

（续表）

项　　目	工　　况			要　求
	拖　航	作　业		
横倾/°	6.90	3.04	3.98　　2.85	<17
面积比	6.22	2.60	2.59　　2.63	—
复原力臂/风倾力臂是否大于 2	是	是	是　　　是	—
是否满足规范要求	是	是	是　　　是	—

各工况下的复原力臂和风倾力臂的静稳性曲线如图 3-27～图 3-30 所示。

2）SPAR 稳性分析

以一座 SPAR 作为算例进行稳性分析，根据 ABS 规范的要求，需要对其在位作业工况进行完整稳性和破舱稳性分析，稳性分析采用 MOSES 软件。在分析中，考虑了压载水舱的自由液面修正，进水点保守地定义在立柱的最外缘，受风面积和风力根据上部模块布置图采用 ABS 公式计算得到。根据 ABS MODU 规范，完整稳性使用的风速为36 m/s，破舱稳性使用的风速为 25.8 m/s。

据压载水需求/分布及稳性的要求，平台硬舱分为 6 层甲板，每层甲板分为 4 个等容舱。最下面的 4 个舱为可变压载水舱，最上面 4 个舱周围设有隔离舱防碰撞。平台软舱分为 4 个舱，在位时用来储存固体压载，并且与海水相通。平台的主要舱容见表3-20，分舱剖面如图 3-31 和图 3-32 所示。

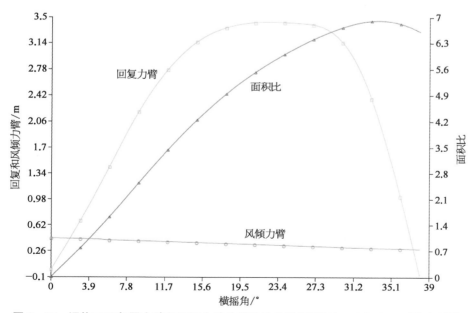

图 3-27　湿拖工况复原力臂和风倾力臂的静稳性曲线（WPS11 and SWNW1 同时破损）

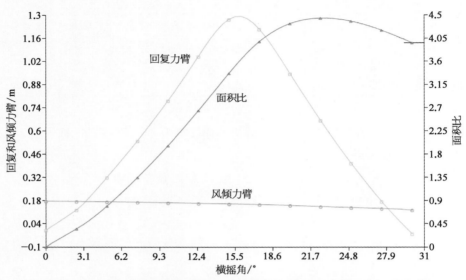

图 3 - 28　作业工况复原力臂和风倾力臂的静稳性曲线(SWNW3 破损,软件出图)

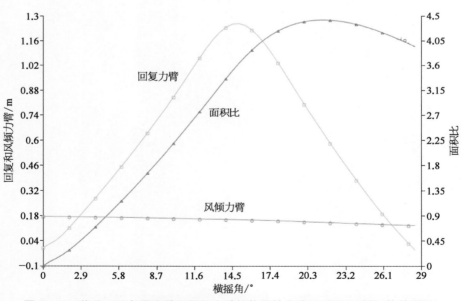

图 3 - 29　作业工况复原力臂和风倾力臂的静稳性曲线(SWSW3 破损,软件出图)

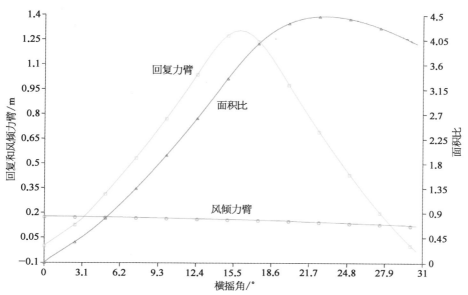

图 3 - 30　作业工况复原力臂和风倾力臂的静稳性曲线(SWSE3 破损,软件出图)

表 3 - 20　SPAR 主要舱舱容

舱 编 号	舱 容	重心坐标 X	重心坐标 Y	重心坐标 Z
HARD1_1	4 251	0.00	13.33	93.35
HARD1_2	4 251	−13.33	0.00	89.02
HARD1_3	4 251	0.00	−13.33	93.11
HARD1_4	4 251	13.33	0.00	86.56
HARD2_1	3 371	0.00	13.33	104.24
HARD2_2	3 371	−13.33	0.00	104.24
HARD2_3	3 371	0.00	−13.33	104.24
HARD2_4	3 371	13.33	0.00	104.24
HARD3_1	3 371	0.00	13.33	118.26
HARD3_2	3 371	−13.33	0.00	118.26
HARD3_3	3 371	0.00	−13.33	118.26
HARD3_4	3 371	13.33	0.00	118.26
HARD4_1	3 371	0.00	13.33	132.28
HARD4_2	3 371	−13.33	0.00	132.28
HARD4_3	3 371	0.00	−13.33	132.28
HARD4_4	3 371	13.33	0.00	132.28
HARD5_1	1 926	0.00	10.20	146.30
HARD5_2	1 926	−10.20	0.00	146.30
HARD5_3	1 926	0.00	−10.20	146.30
HARD5_4	1 926	10.20	0.00	146.30

（续表）

舱 编 号	舱 容	重心坐标 X	重心坐标 Y	重心坐标 Z
SOFT_L1	3 298	11.92	10.41	0.00
SOFT_L2	3 298	11.92	−10.41	0.00
SOFT_U1	2 000	−10.84	10.84	0.00
SOFT_U2	2 000	−10.84	−10.84	0.00

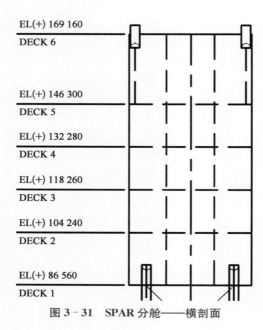

图 3 - 31 SPAR 分舱——横剖面

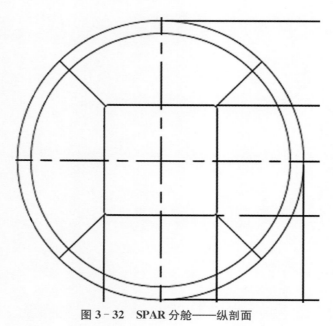

图 3 - 32 SPAR 分舱——纵剖面

稳性校核结果见表 3-21 和表 3-22。

表 3-21　SPAR 在位完整稳性结果

吃水/m	GM/m	第一截距/°	面积比	浸水角/°
规范要求	≥0.3	≤20	≥1.3	≥30
152.4	2.7	17.05	1.82	40.71

表 3-22　SPAR 在位破舱稳性结果

破舱编号	破 舱 静 稳 性						在 50 kn 风速以下稳性					
	吃水/m	排水量/Mt	横摇/°	纵摇/°	GM/m	Dnfld Ht/m	Dir/°	Heel/°	Area	RA/HA	Dnfld/°	Dnfld/m
（要求值）					≥0.61	>0						>1.5
HARD1_N	150.33	74 247.61	2.34	4.35	5.19	16.74	180	3.38	21.55	33.24	40.99	16.74
HARD1_W	150.33	74 247.61	0.02	2.52	5.15	16.77	270	3.33	21.92	33.05	41.45	16.79
HARD1_S	150.33	74 247.61	2.52	0.03	5.19	16.77	0	3.34	21.89	33.05	41.42	16.79
HARD2_E	150.33	74 247.61	0.02	2.57	5.15	16.74	90	3.38	21.53	33.26	40.96	16.74
HARD2_N	149.51	73 363.80	2.23	0.02	3.93	17.73	180	3.12	21.20	29.88	43.19	18.15
HARD2_W	149.50	73 363.80	0.02	2.19	3.90	17.76	270	3.08	21.49	29.72	43.67	18.20
HARD2_S	149.50	73 363.80	2.19	0.02	3.93	17.76	0	3.08	21.47	29.72	43.63	18.19
HARD3_E	149.51	73 363.80	0.02	2.23	3.90	17.73	90	3.12	21.18	29.90	43.15	18.15
HARD3_N	149.49	73 363.80	2.32	0.02	3.28	17.70	180	3.25	20.30	28.81	43.19	18.08
HARD3_W	149.49	73 363.80	0.02	2.28	3.26	17.73	270	3.21	20.58	28.67	43.67	18.13
HARD3_S	149.49	73 363.80	2.28	0.02	3.28	17.73	0	3.21	20.56	28.67	43.63	18.13
HARD4_E	149.50	73 363.80	0.02	2.32	3.26	17.70	90	3.25	20.28	28.83	43.15	18.08
HARD4_N	149.48	73 363.80	2.42	0.02	2.64	17.66	180	3.4	19.40	27.74	43.19	18.01
HARD4_W	149.48	73 363.80	0.02	2.38	2.61	17.69	270	3.35	19.67	27.61	43.67	18.05
HARD4_S	149.48	73 363.80	2.38	0.02	2.64	17.69	0	3.35	19.65	27.61	43.63	18.05
COFDM_E	149.48	73 363.80	0.02	2.42	2.61	17.66	90	3.39	19.38	27.76	43.15	18.00
COFDM_N	146.63	70 326.44	0.32	0.00	2.32	21.38	180	1.39	21.95	24.36	49.48	23.40
COFDM_W	146.63	70 326.44	0.00	0.32	2.51	21.38	270	1.39	22.18	24.30	49.99	23.41
COFDM_S	146.63	70 326.44	0.32	0.00	2.33	21.38	0	1.39	22.16	24.29	49.95	23.42
COFDM_E&N	146.63	70 326.44	0.00	0.32	2.51	21.38	90	1.39	21.93	24.37	49.45	23.40
COFDM_W&N	147.01	70 718.74	0.35	0.34	2.21	20.94	225	1.56	21.44	24.59	48.43	22.75
COFDM_W&S	147.01	70 718.28	0.34	0.34	2.22	20.94	135	0.57	22.51	23.25	50.55	22.94
COFDM_E&S	147.01	70 718.74	0.34	0.35	2.22	20.94	45	1.56	21.42	24.60	48.38	22.75

SPAR 的最大容许重心高度见表 3-23。

表 3-23 SPAR 在位稳性最大容许重心高度结果

项　目	数　值
目前状态 KG	111.73 m
完整 AKG	119.35 m
破舱 AKG	121.54 m

分析结果表明稳性结果都满足规范要求。

3）TLP 稳性分析

对于 TLP 而言，其稳性分析通常仅限于运输和安装工况，本节以一座 TLP 为例，对其进行稳性校核分析。依 TLP 开发深水气田，进行天然气处理、计量和增压，再送往浅水的增压平台，通过长输管道上岸。平台上设有电站和生活楼。钻完井采用平台钻机，天然气生产采用干式采气的生产方式，同时可回接水下井口，考虑到气井很少修井作业，平台上设钻机，不设修井机。

平台设有 6 口干式立管井，以 TTR 形式连接，还设有 5 口湿式井，采用 SCR 回接的方式，将水下井口采出的气体输送到平台处理设施。平台中心井井槽采用 3×3 布局，预留井槽数为 3 个。气体经平台处理设备处理后通过在平台一侧的外输 SCR 输出。

LW3-1 气田的预计年产量可达 50 亿方，年生产日按 350 d 计算平台日处理量为 1 429 亿方/d，凝析油处理量为 404 m³/d，生产水处理 4 043 m³/d。

TLP 的主尺度见表 3-24，TLP 的剖面如图 3-33 和图 3-34 所示。

表 3-24 TLP 的主尺度

项　目	数　值
立柱直径	23.75 m
立柱中心间距	61.00 m
立柱高度	57.45 m
浮箱高度	9.50 m
浮箱宽度	12.35 m
设计在位吃水	30.00 m
排水量	73 658 t
张力腿根数	12
张力腿预张力（每根）	1 606 t
张力腿直径	34～42 in
张力腿壁厚	1.42～1.69 in

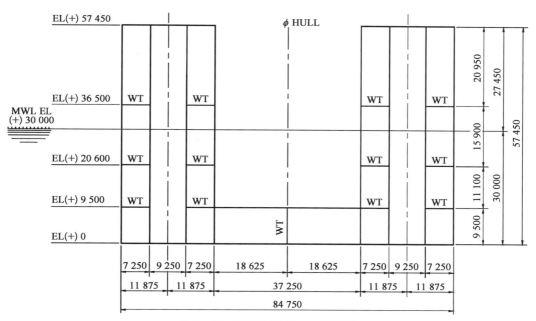

图 3-33　TLP 主尺度——纵剖面

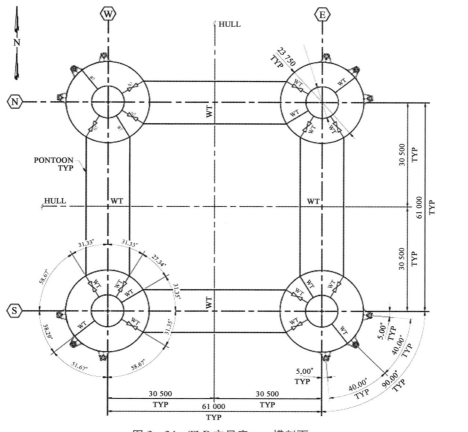

图 3-34　TLP 主尺度——横剖面

根据压载水、稳性和在破舱情况下张力腿的最小张力要求，TLP 船体共分为 5 层甲板，分别位于：EL（＋）0 m（离基线高度）、EL（＋）9.5 m、EL（＋）20.5 m、EL（＋）36.5 m 和 EL（＋）57.45 m（立柱顶部），如图 3-35 所示。

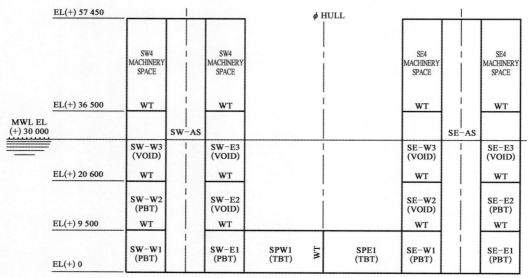

图 3-35　TLP 分舱——纵剖面

对于 4 个浮箱，每个沿长度方向分为 2 个等容的舱；对于 4 个立柱，每层沿对角线分为 4 个等容的舱；对于 4 个结点，每个分为 2 个等容的舱。如图 3-36 所示。

结点的 8 个舱为永久压载水舱；浮箱的 8 个舱为临时压载水舱；立柱的 48 个舱为空舱。TLP 主要舱的舱容见表 3-25。

表 3-25　TLP 主要舱舱容

舱 编 号	舱容/Mt	重心坐标 X/m	重心坐标 Y/m	重心坐标 Z/m
NE－E1	1 738	33.41	25.73	4.75
NE－W1	1 738	27.59	35.27	4.75
NW－E1	1 738	−25.73	33.41	4.75
NW－W1	1 738	−35.27	27.59	4.75
SE－E1	1 738	35.27	−27.59	4.75
SE－W1	1 738	25.73	−33.41	4.75
SW－E1	1 738	−27.59	−35.27	4.75
SW－W1	1 738	−33.41	−25.73	4.75
NE－E2	1 015	38.41	30.50	15.05
NW－W2	1 015	−38.41	30.50	15.05
SE－E2	1 015	38.41	−30.50	15.05

（续表）

舱 编 号	舱容/Mt	重心坐标 X/m	重心坐标 Y/m	重心坐标 Z/m
SW-W2	1 015	−38.41	−30.50	15.05
NE-N2	1 015	30.50	38.41	15.05
NW-N2	1 015	−30.50	38.41	15.05
SE-S2	1 015	30.50	−38.41	15.05
SW-S2	1 015	−30.50	−38.41	15.05
EPS1	2 191	30.50	−9.60	4.75
NPE1	2 191	9.60	30.50	4.75
NPW1	2 191	−9.60	30.50	4.75
SPW1	2 191	−9.60	−30.50	4.75
WPS1	2 191	−30.50	−9.60	4.75
EPN1	2 191	30.50	9.60	4.75
SPE1	2 191	9.60	−30.50	4.75
WPN1	2 191	−30.50	9.60	4.75

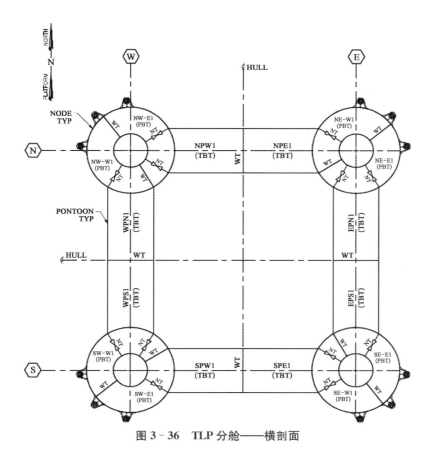

图 3-36　TLP 分舱——横剖面

　　根据 ABS 规范要求,采用 MOSES 软件对 4 个运输安装工况进行完整稳性和破舱稳性分析。在分析中,考虑了压载水舱的自由液面修正,进水点保守地定义在立柱的最外缘,受风面积和风力是根据上部模块布置图采用 ABS 公式计算得到,如图 3-37 所示。根据 ABS MODU 规范,完整稳性使用的风速为 36 m/s,破舱稳性使用的风速为 25.8 m/s。

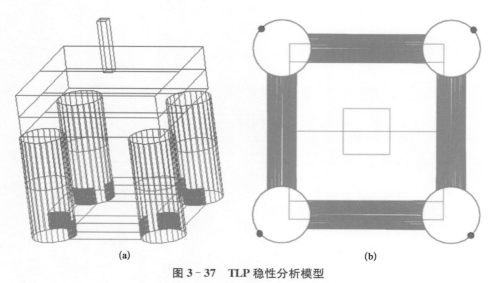

(a) (b)

图 3-37　TLP 稳性分析模型

(a) 平台立体图;(b) 平台俯视图与进水点位置

　　分析结果(图 3-38)表明所有的运输安装工况都满足规范要求,并有一定的余量。

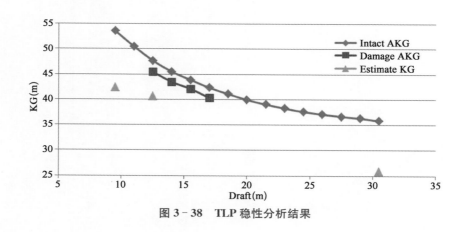

图 3-38　TLP 稳性分析结果

3.3　总体强度、局部强度和疲劳分析

3.3.1　总体强度分析

1) 总体强度分析方法

深水平台的总体强度分析作为平台设计的关键技术,可以为平台的主体结构构型、构件的尺寸和主体结构连接部位的连接节点的优化设计提供合理依据。半潜式平台总体强度分析的关键技术包括:载荷确认及分析、设计波参数分析、计算模型的建立方法。

(1) 总体强度分析流程与要求

根据平台作业海域的环境条件和设计要求,选取平台可能遇到的最大波浪作为设计波,规范通常规定使用 100 年重现期的最大规则波;然后计算平台在设计波作用下的运动、载荷和构件应力,并根据规范的强度要求校核平台的结构安全性。由于不同的浪向、不同的周期及不同的波峰位置(波浪相位)下波浪对平台的作用力有很大的差异,因此在计算中要选取若干个不同的浪向、周期的波浪在不同相位对平台的载荷进行计算,并选取最不利的情况进行准静态有限元分析计算。

(2) 典型波浪工况

平台在波浪中的载荷与平台的装载情况、波浪的波高、周期、相位及浪向角都有密切的关系,而且在平台的使用过程中,这些因素有多种不同的组合方式,所以进行平台强度校核时,需要对平台的多个受力状态进行分析。对于波浪载荷工况,需要对一系列波浪周期和不同入射波相位进行循环,并在得到的结果中选取最危险的情况进行有限元分析。

半潜式平台典型的装载状态包括作业状态、生存状态和拖航状态,需要分别进行受静水载荷和受最大环境载荷条件下的总强度分析。根据工程实践和规范的要求,半潜式平台的危险波浪工况通常包括:最大横向受力状态、最大扭转状态、最大纵向剪切状态、甲板处纵向和横向加速度最大状态、最大垂向弯曲状态。

(3) 设计波参数计算流程

设计波参数计算流程如图 3-39 所示。

(4) 结构总强度评估

在设计波参数确定以后,就可以采用三维水动力理论计算半潜式平台在该设计波中的运动和载荷,进而采用准静态方法对平台整体结构进行强度评估。它假定平台在

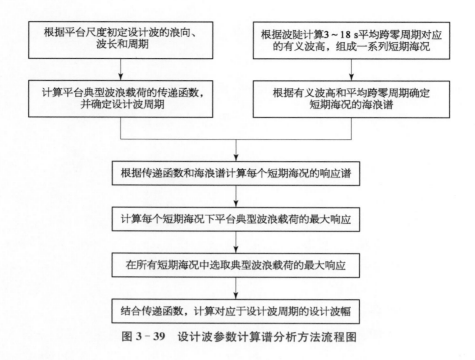

图 3-39　设计波参数计算谱分析方法流程图

规则波上处于瞬时静止,其不平衡力由平台运动加速度引起的平台惯性力来平衡。这种计算方法只考虑了平台运动加速度的影响,而略去了平台运动速度与位移的影响,从而把一个复杂的动力问题简化为静力问题来处理。由于实际海况中的波浪周期远低于平台结构的固有周期,因而采用准静态方法进行结构分析是可以满足工程精度要求的。平台总强度评估流程如图 3-40 所示。

ABS针对半潜式平台结构分析规定了许用应力标准,对于应力分量及由应力分量组合而得的应力的许用应力为

$$F = F_y / F.S. \tag{3-27}$$

式中　　F_y——材料屈服极限;

$F.S.$——安全因子,安全因子的选取标准见表 3-26。

表 3-26　屈服应力安全因子

材料变形形式	静 水 工 况	波浪组合工况
轴向拉伸、弯曲	1.67	1.25
剪切	2.50	1.88

当校核屈曲强度时,压缩应力或剪应力的许用应力为:

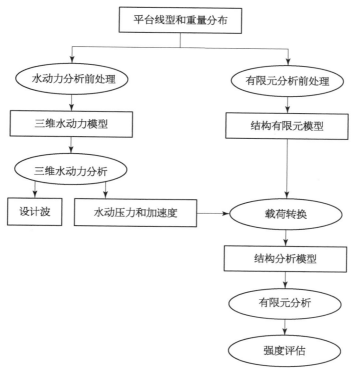

图 3 - 40　总强度评估流程图

$$F = F_{cr}/F.S. \qquad (3-28)$$

式中　F_{cr}——临界屈曲压应力或剪应力；

　　$F.S.$——安全因子，安全因子选取标准见表 3 - 27。

表 3 - 27　屈曲应力安全因子

材料变形形式	静 水 工 况	波浪组合工况
压缩、剪切	1.67	1.25

对于板结构，可以采用 von Mises 等效应力进行校核。等效应力 σ_{eqv} 的表达式为

$$\sigma_{eqv} = \sqrt{\sigma_x^2 + \sigma_y^2 - \sigma_x \sigma_y + 3\tau_{xy}^2} \qquad (3-29)$$

式中　σ_x——平板 x 方向的平面应力；

　　σ_y——平板 y 方向的平面应力；

　　τ_{xy}——平面剪应力。

该等效应力的许可应力为 $F = F_y/F.S.$，安全因子选取标准见表 3 - 28。

表 3-28　等效应力安全因子

工　　况	静 水 工 况	波浪组合工况
安全因子	1.43	1.11

（5）冗余度评估

半潜式平台很可能在恶劣海况中出现小的支撑构件破坏，此时平台应该具有足够的强度抵抗环境载荷带来的破坏，而不至于出现总强度的丧失，在此之前需要在平台总强度评估中作冗余度分析。

所谓冗余度分析就是评判平台结构在某个局部撑杆失效后的整体强度储备。ABS规范中规定，所谓失效的局部撑杆是指有可能在突发事件中断裂的承载撑杆。突发事件包括供应船的碰撞、物体坠落、火灾和爆炸等。

在冗余度分析需要确定的失效撑杆可以根据使该撑杆断裂所需要的冲击能量来判断。对于碰撞而言，一般 5 000 t 排水量供应船以 2 m/s 速度航行，产生的冲击能量为：舷侧碰撞——14 MJ；首尾碰撞——11 MJ。

ABS规范规定，在冗余度分析中首先需要计算撑杆能否承受这种偶然载荷。如果可以承受此载荷，则在冗余度分析中不必完全忽略该撑杆的贡献，只需要把破坏部分所丧失的刚度扣除即可；如果撑杆在此载荷作用下完全断裂，则在冗余度分析中需要完全扣除该撑杆对结构强度的贡献。

半潜式平台的撑杆具有较大尺度，它的形状和尺度甚至接近下浮体。一般而言，对于这类撑杆在冗余度分析中有必要考虑其对结构强度的贡献。

ABS船级社规范对半潜式平台结构强度冗余度分析的要求为：主要承载小撑杆破坏；基于80%的最恶劣海况和100%材料屈服限的许用应力。

2）半潜式平台总体强度分析

在确定了设计规则波参数之后，就可以将平台在该设计波下的水动压力和惯性加速度施加到平台结构有限元模型上，进行平台结构总强度的计算与评估。

（1）有限元模型的建立

采用有限元前处理程序建立目标半潜式平台结构的结构有限元模型如图 3-41 所示，节点总数为 20 274 个，单元总数为 69 049 个，其中：

① 壳单元 27 905 个，用于描述外板、舱壁板、甲板板，强框腹板等。

② 梁单元 22 643 个，用于描述纵桁、横梁、纵骨、舱壁扶强材等。

③ 杆单元 720 个，用于描述强框面板和较小的加强筋。

④ 质量单元 17 781 个，用于描述设备、钻井材料等重量。

上部甲板箱型结构有限元模型网格尺度取为 2～4 倍纵骨间距，网格具体大小依据强构件的位置而定，其中：

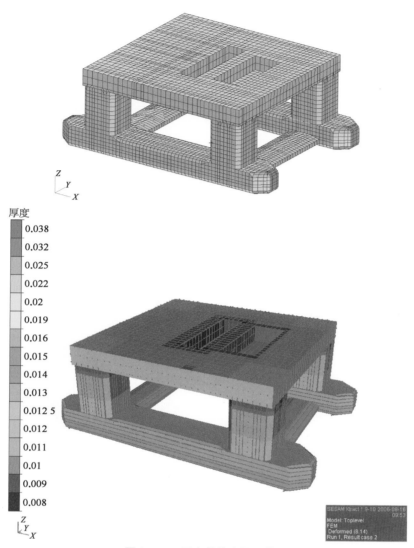

厚度
0.038
0.032
0.025
0.022
0.02
0.019
0.016
0.015
0.014
0.013
0.012 5
0.012
0.011
0.01
0.009
0.008

图 3 - 41　平台整体有限元模型

① 甲板板、围壁采用壳单元。

② 纵骨、纵桁、横梁、强框和围壁扶强材采用梁单元。

③ 忽略主甲板以上对平台总强度贡献不大的上层建筑。

④ 略去所有的肘板和较小的开孔。

立柱有限元模型周向网格尺度为 2～4 倍扶强材间距（1 250～2 500 mm），垂向网格在强框间划为 1 个，尺度为 1 600～2 250 mm，其中：

① 外形完全按照立柱的型线建立。

② 忽略立柱内对平台总强度贡献不大的电梯间。

③ 立柱的外板、平台板采用壳单元。

④ 立柱的纵骨、水平强框、平台纵桁及横梁采用梁单元。

⑤ 略去所有的肘板和开孔。

下浮体有限元模型横向网格尺度按 2～4 倍纵骨间距（1 250～2 500 mm），纵向网格尺度按 2～3 倍肋距（1 250～1 875 mm），强框腹板宽度方向划 1～2 个网格，其中：

① 外形完全按照下浮体的型线建立。

② 忽略下浮体内对平台总强度贡献不大的电梯间。

③ 下浮体的外板、舱壁板、强框腹板和内底板采用壳单元。

④ 纵骨和舱壁扶强材采用梁单元。

⑤ 强框面板和强框上的加强筋采用杆单元。

⑥ 略去所有的肘板和开孔。

横撑有限元模型周向网格尺度为 2～3 倍纵骨间距（1 250～1 875 mm），长度方向网格在强框间划为 1 个，尺度为 1 250～1 875 mm。

（2）平台自重及外载荷的处理

由于有限元模型的简化，模型的重量和平台结构实际重量必然有差别，这可以通过调整材料密度来取得一致。对于生存装载工况，设备和钻井材料等重量以质量单元的形式加在有限元模型中相应的位置上。

对于水动压力载荷，SESAM 程序可以从三维水动力模型中读取数据自动施加到有限元模型上，并且还将平台 6 个自由度的惯性加速度施加到有限元模型上，以保证有限元模型的平衡。平台有限元模型湿表面在各个典型波浪工况下的水动压力分布如图 3-42 所示，图中负值表示正压力。

（3）位移边界条件

为了避免结构模型发生刚体位移，必须在模型中施加一定的位移边界条件，根据实际情况，位移边界条件可以是弹性固定或刚性固定。本计算中，在平台主甲板上选取 4 个不共线的节点，如图 3-43 所示，每个节点施加如下的位移边界条件：

① 节点 1——限制 x、y、z 三个方向的位移。

② 节点 2——限制 x、y、z 三个方向的位移。

③ 节点 3——限制 x、y、z 三个方向的位移。

④ 节点 4——限制 x、y、z 三个方向的位移。

（4）平台主体结构强度校核

由于半潜式平台主体结构（下浮体、立柱、上浮体、撑杆）采用 36 kg 级高强度钢，其屈服极限为 355 MPa，其应力分量和 von Mises 应力的许用应力见表 3-29 及表 3-30。

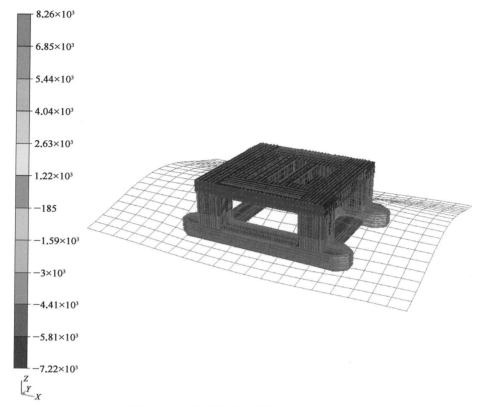

图 3－42　最大横向受力状态下水动压力分布

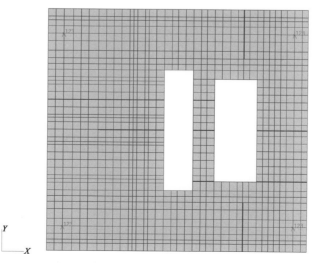

图 3－43　位移边界条件

表 3-29 应力分量许用应力

许用应力	静水工况	波浪组合工况
轴向拉伸、弯曲	213 MPa	284 MPa
剪切	142 MPa	189 MPa

表 3-30 von Mises 应力许用应力

许用应力	静水工况	波浪组合工况
von Mises 应力	248 MPa	320 MPa

以下各表中,表 3-31 给出了目标平台在静水工况下各部位壳单元最大应力值,表 3-32 给出了目标平台在最大横向受力状态下各部位壳单元最大应力值,表 3-33 给出了目标平台在最大扭转状态下各部位壳单元最大应力值,表 3-34 给出了目标平台在最大纵向剪切状态下各部位壳单元最大应力值,表 3-35 给出了目标平台在最大垂向弯曲状态下各部位壳单元最大应力值。其中各应力变量的含义如下:

① SIGMX——壳单元局部坐标系 x 方向的膜应力。

② SIGMY——壳单元局部坐标系 y 方向的膜应力。

③ TAUMXY——壳单元局部坐标系 x、y 方向的膜剪应力。

④ von Mises——壳单元等效 von Mises 应力。

表 3-31 平台结构各部位壳单元最大应力值(静水工况) (单位:MPa)

应力类别	SIGMX	SIGMY	TAUMXY	von Mises
上部甲板	−158	−397	138	347
立柱	−141	−192	−66.6	183
下浮体	−159	−106	−50.1	159
横撑	−81.6	−145	69.3	132

表 3-32 平台结构各部位壳单元最大应力值 (最大横向受力状态)

(单位:MPa)

应力类别	SIGMX	SIGMY	TAUMXY	von Mises
上部甲板	−202	−472	161	411
立柱	−180	−213	86.6	230
下浮体	−304	−199	187	372
横撑	−228	−206	135	292

表 3-33　平台结构各部位壳单元最大应力值(最大扭转状态) (单位：MPa)

应力类别	SIGMX	SIGMY	TAUMXY	von Mises
上部甲板	−233	−553	183	481
立柱	−208	−243	97	263
下浮体	−264	−192	182	364
横撑	−183	−208	−133	269

表 3-34　平台结构各部位壳单元最大应力值 (最大纵向剪切状态)

(单位：MPa)

应力类别	SIGMX	SIGMY	TAUMXY	von Mises
上部甲板	−221	−531	175	462
立柱	−198	−232	91.9	251
下浮体	−262	−177	158	314
横撑	−173	−192	−111	222

表 3-35　平台结构各部位壳单元最大应力值(最大垂向弯曲状态)

(单位：MPa)

应力类别	SIGMX	SIGMY	TAUMXY	von Mises
上部甲板	−172	−437	−151	382
立柱	−153	−213	−68.9	201
下浮体	−204	−125	114	214
横撑	−95.1	−162	59.1	145

目标平台概念设计总强度分析结果显示,平台主体结构设计应力水平满足规范要求,但在立柱与上、下浮体连接区域应力水平较高,个别单元超出了许用应力要求,建议在局部结构设计时采取如下措施：下浮体与立柱连接区域适当增加板厚；立柱与上浮体连接区域采用 56 kg 级高强度钢。

3) SPAR 总体强度分析

SPAR 的结构分析主要依据 ABS、API 和 DNV 工业规范,结构分析建模使用的软件为 DNV 公司的 SESAM 软件包 GeniE/Sestra 模块和 ANSYS 软件,其有限元模型如图 3-44 所示。

浮体总体结构强度分析主要考虑了操作和生存 2 种工况,见表 3-36；浮体总体结构强度分析结果如图 3-45 和图 3-46 所示。

浮体总体结构强度分析结果表明,浮体结构设计(壁厚)满足规范要求：

① 1 年重现期工况控制结点,浮筒和立柱结构强度设计最大的应力比是 0.93。

图 3-44　浮体总体结构
有限元模型

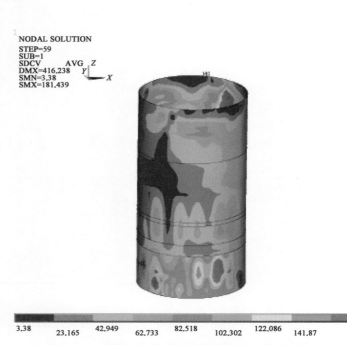

NODAL SOLUTION
STEP=59
SUB=1
SDCV　　　AVG
DMX=416.238
SMN=3.38
SMX=181.439

3.38　　23.165　　42.949　　62.733　　82.518　　102.302　　122.086　　141.87

图 3-45　浮体总体结构强度分析结果(1 年重现期)

表 3-36　浮体总体结构强度分析设计波

项　　目	操作工况(1 年重现期台风)	极端工况(100 年重现期台风)
波高/m	16.19	28.30
波浪周期/s	10	12
最大纵摇/°	= p1+1.03	= p2+2.06
Maximum LF 纵摇/°	p1	p2
Maximum WF 纵摇/°	1.03	2.06

② 100 年重现期工况控制浮筒和立柱连接处、甲板柱和立柱顶的结构强度设计。

③ 结构强度设计设计波由 10 秒波控制。

④ 对于应力超限的地方,可以局部加强。

4) TLP 总体强度分析

TLP 的结构分析主要依据 ABS、API 和 DNV 工业规范,结构分析建模使用的软件为 DNV 公司的 SESAM 软件包 GeniE/Sestra 模块和 ANSYS 软件。

浮体总体结构强度分析主要分析操作和生存 2 种工况,分析模型如图 3-47~图 3-49 所示,应力云图如图 3-50 和图 3-51 所示。

NODAL SOLUTION
STEP=59
SUB=1
SDCV   (AVG)
DMX=365.397
SMN=7.177
SMX=279.311

| 7.177 | 37.414 | 66.651 | 97.888 | 120.126 | 159.363 | 189.6 | 218.837 |

图 3‑46　浮体总体结构强度分析结果(100 年重现期)

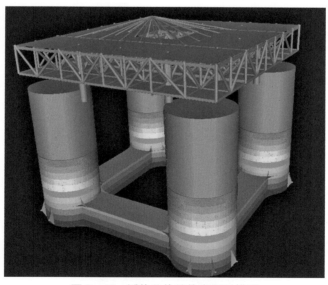

图 3‑47　浮体总体结构有限元模型

浮体总体结构强度分析结果表明,浮体结构设计(壁厚)满足规范要求:

① 1 年重现期工况控制结点,浮箱和立柱结构强度设计,最大的应力比是 0.953。

② 100 年重现期工况控制浮箱和立柱连接处、甲板柱和立柱顶的结构强度设计。

③ 结构强度设计设计波由 10 秒周期控制。

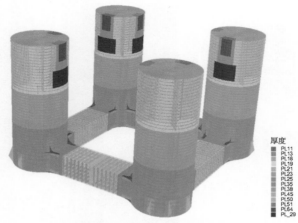

图 3－48　浮体结构厚度分布

图 3－49　浮体结构控制单元

图 3－50　浮体总体结构强度分析结果(100 年重现期)

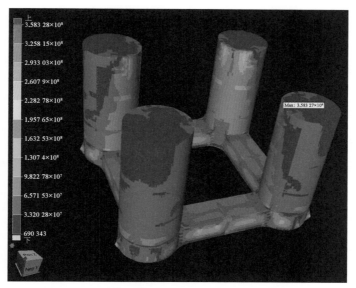

图 3 - 51　浮体总体结构强度分析结果(1 年重现期)

④ 对于应力超限的地方,可以局部加强。

3.3.2　局部强度分析

1) 结构局部强度分析方法

深水平台结构存在多种类型的局部典型节点,比如半潜式平台局部典型节点包括撑杆与上层平台、撑杆与立柱、立柱与上层平台、立柱与下浮体等。深水平台局部典型节点受到较大载荷,重要局部结构是制约平台安全作业的关键因素。基于 ABS 和 CCS 规范要求,采用有限元方法分析半潜式钻井平台在遭受静载荷和环境载荷条件下立柱撑杆连接处的局部强度。用 Sesam - GeniE 建立局部结构有限元模型,用 Sesam - Wadam 计算平台局部结构遭受的水动力载荷,利用 Sesam - Submod 技术,依据平台总强度计算结果确定局部结构模型各载荷工况下的载荷边界条件,并将水动力载荷和载荷边界条件传递给平台局部结构有限元模型。最后进行局部结构强度分析,确定局部结构的整体应力水平。平台典型节点分析流程如图 3 - 52 所示。

2) 典型半潜式钻井平台典型节点局部强度分析

(1) 局部结构材料许用应力

根据 ABS MODU 和 CCS MUDO 规范,许用 von Mises 应力由下式计算:

$$F_a = F_y / F.S. \tag{3-30}$$

式中　F_y——屈服应力;

$F.S.$——安全系数。

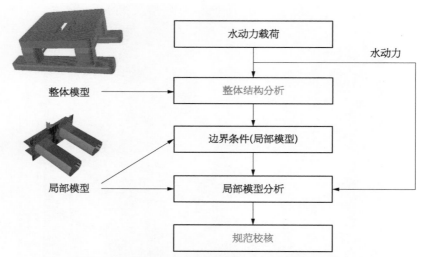

整体模型 → 整体结构分析

局部模型 →

水动力载荷 → 整体结构分析 → 边界条件(局部模型) → 局部模型分析 → 规范校核

水动力

图 3－52　深水平台典型节点局部强度分析流程

表 3-37 给出了不同载荷情况下许用应力和应力安全系数。

表 3－37　典型半潜式钻井平台局部结构材料许用应力和安全系数

载　　荷	F.S.	许用应力(EQ36)	许用应力(EQ56)	许用应力(EQ70)
静力	1.43	248 MPa	385 MPa	480 MPa
联合载荷	1.11	320 MPa	495 MPa	619 MPa

注：联合载荷为静载荷和波浪载荷的联合。

（2）有限元模型

① 局部结构位置。

所分析的平台立柱撑杆连接处局部结构位置如图 3－53 所示。

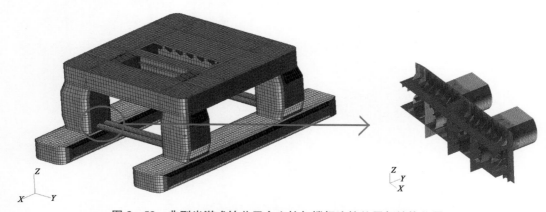

图 3－53　典型半潜式钻井平台立柱与撑杆连接处局部结构位置

② 模型单元划分。

平台局部结构模型由板单元建立,在建模过程中为了简化模型,在保证抗弯刚度相等的原则下采用角钢等效模拟球扁钢类型扶强材,从而可以使用板单元模拟球扁钢类型扶强材在结构模型中的贡献。局部模型采用矩形板单元建立,最小单元尺度约为 $t \times t$, t 为该处板厚,最大单元尺度约为 0.1 m^2。模型细节部位连接方式及尺寸均参照 ABS-钢质海船建造与入籍规范而定。该局部模型由大约 80 000 个板单元构成。图 3-54 为立柱和撑杆连接处有限元模型,图 3-55 为立柱和撑杆连接处有限元模型板厚分布图。

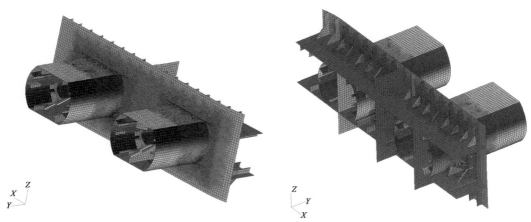

图 3-54　典型半潜式钻井平台立柱撑杆连接处有限元模型

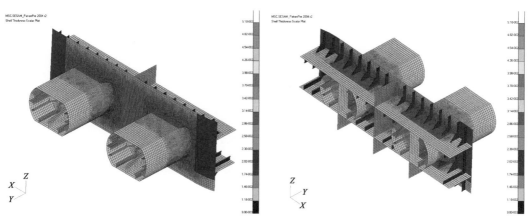

图 3-55　典型半潜式钻井平台立柱撑杆连接处有限元模型板厚分布

③ 水动力载荷。

使用 Sesam-HydroD 调用 Wadam 模块,根据辐射/绕射理论计算结构局部遭受的水动力载荷,并且将水动力载荷直接映射到局部结构有限元模型进行局部结构计算。

平台局部结构遭受静水力载荷和动水力载荷,在计算过程中要分步计算,并传递给结构模型,图3-56为局部结构遭受静水载荷示意图,图3-57为局部结构遭受动水载荷示意图。

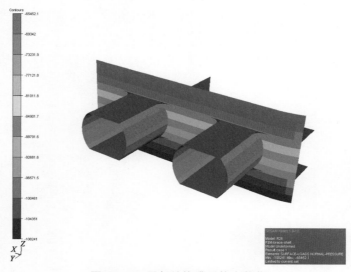

图3-56　局部结构遭受静水载荷

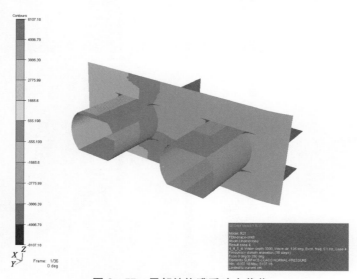

图3-57　局部结构遭受动水载荷

④ 载荷边界条件。

分析中,局部结构有限元模型的边界条件由总强度分析结果提供,使用 Sesam-Submod 将各载荷工况下模型的边界条件逐一传递给局部模型。图3-58为局部模型边界传递点。

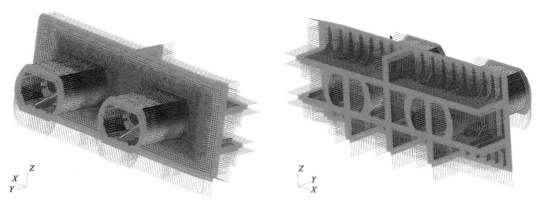

图 3 - 58 局部模型边界条件传递点

（3）计算结果

通过有限元方法对平台立柱和撑杆连接处进行分析，考虑平台对称性结构和平台自身的遮蔽效应，分析了平台拖航状态、作业状态和生存状态下波浪方向为 90°、120°、135°、180°、225°、240°、270°时不同波浪频率条件的立柱和撑杆连接处的局部强度，图 3 - 59 为波浪入射方向示意图。

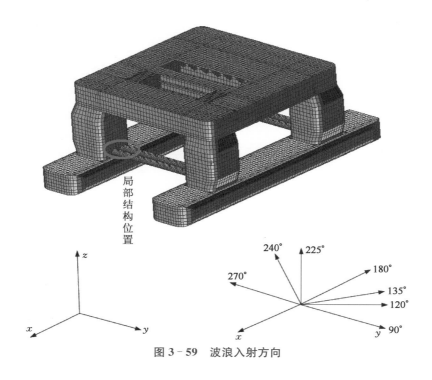

图 3 - 59 波浪入射方向

在这几个波浪方向下，平台整体将遭受以下 6 种最危险水动力载荷：最大横向力（90°、180°）；最大横向扭矩（作业、生存：120°、240°；拖航：135°、225°）；最大纵向剪切力

（作业、生存：135°、225°；拖航：120°、240°）；最大垂向弯矩（180°）；最大纵向甲板质量加速运动引起的惯性力（180°）；最大横向甲板质量加速运动引起的惯性力（90°）。

计算中发现当平台遭受最大横向撕裂力、最大横向扭矩和最大剪切力时立柱和撑杆连接处应力水平较高。

① 生存状态结构应力水平。

最大横向力条件下结构应力水平：图 3-60 为波浪入射方向 90°时局部结构应力云图，最大应力为 291 MPa，出现在结构扶强材肘板连接处；图 3-61 为波浪入射方向为

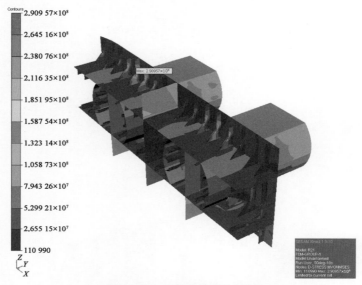

图 3-60　局部结构应力云图

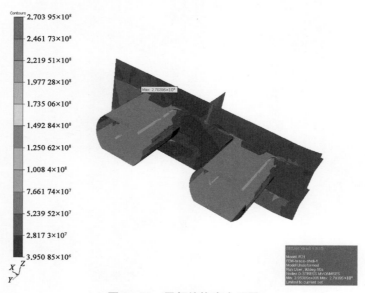

图 3-61　局部结构应力云图

90°时局部结构外板应力云图,最大应力(270.4 MPa)出现在立柱和撑杆连接处肘板位置。

立柱撑杆连接处典型节点局部结构的应力水平见表 3 - 38。

表 3 - 38　作业状态结构应力水平

工　　况	入射波浪方向	最大应力水平	最大应力位置
最大横向力	90°	227.7 MPa	垂向扶强材肘板连接处
	270°	224.8 MPa	垂向扶强材肘板连接处
最大横向扭矩	120°	293.8 MPa	立柱撑杆连接处肘板位置
	240°	283.8 MPa	立柱撑杆连接处肘板位置
最大纵向剪力	135°	246.3 MPa	立柱撑杆连接处肘板位置
	225°	294.4 MPa	立柱撑杆连接处肘板位置

② 拖航状态结构应力水平。

分析拖航状态下,立柱撑杆连接处典型节点局部结构的应力水平,见表 3 - 39。

表 3 - 39　拖航状态结构应力水平

工　　况	入射波浪方向	最大应力水平	最大应力位置
最大横向力	90°	143.2 MPa	垂向扶强材肘板连接处
最大横向扭矩	120°	96.4 MPa	立柱撑杆连接处肘板位置
最大纵向剪力	135°	159 MPa	立柱撑杆连接处肘板位置

立柱撑杆连接处局部结构采用 EQ36 钢材建造,由局部分析计算结果,作业状态和拖航状态下局部结构应力水平低于 320 MPa,满足规范要求。生存状态下,局部结构除立柱和撑杆连接处肘板应力集中区域外,应力水平低于 320 MPa,满足规范要求。生存状态下,平台遭受斜浪时立柱撑杆连接处肘板应力集中区域最大应力达到 518.2 MPa,依据设计理念,对该处结构应力进行平均,最大平均应力为 318.2 MPa,满足规范要求。

3.3.3　疲劳分析

1) 深水平台典型节点谱疲劳分析方法

结构谱疲劳分析方法是建立在真实的海况、真实的装载基础上的直接计算方法,涉及水动力和有限元分析,而且考虑不同的装载、波频和波向组合后的工况往往有数百种,计算量大,周期长,但其计算精度高,可准确分析海洋工程结构的疲劳寿命。半潜式平台主体结构形式简单,关键连接节点的数目少,其节点结构形式复杂,导致其应力分布也十分复杂。采用全概率谱分析方法评估这些关键节点的疲劳寿命是目前国际海洋工程界的推荐做法。

(1) 谱疲劳分析方法的基本步骤

全概率谱疲劳分析方法在计算海洋工程结构疲劳寿命时可准确计入结构动载荷及海洋环境条件,是现代设计理论推荐的最优方法。其本质是将长期随机海况模拟为数个由波浪谱密度函数表达的稳态高斯随机过程,计算中将包括所有短期海况。在分析过程中,疲劳分析关键结构包括动力响应在内的应力响应传递函数计算,根据海洋环境资料计算结构应力响应谱密度函数。在保守假设的条件下,结构应力响应谱为窄带谱,应力范围将服从 Rayleigh 分布,根据 $S - N$ 曲线和 Miner 原理可以得到每一个短期海况下结构疲劳损伤的闭合解,各短期海况疲劳损伤叠加可得到长期海况下的结构疲劳损伤。其基本步骤见图 3 - 62 所示。

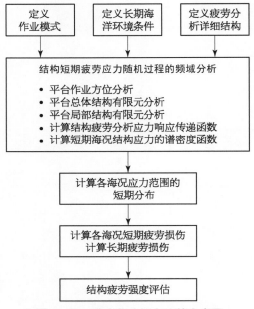

图 3 - 62　谱疲劳分析方法基本步骤

(2) 谱疲劳分析方法的基本假设

在谱疲劳分析过程中一般做如下假定:

① 总体性能分析和与之相关的结构分析是线性的,由此可对单位波幅应力范围响应传递函数进行比例缩放和叠加,来计算各海况结构应力范围响应谱。

② 在计算中非线性运动和非线性波浪载荷被等效线性化。

③ 结构应力的动力放大,瞬态载荷及波激振动、砰击的影响可忽略不计,采用准静力有限元方法计算结构内力。

④ 认为短期应力随机过程是稳态高斯过程。

⑤ 短期应力随机过程被假定为窄带,结构应力范围服从 Rayleigh 分布;如果应力随机过程是宽带的,可使用带宽更正因子对计算结果进行更正。

⑥ 所有计算基于 S-N 曲线和 Miner 原理。

2)谱疲劳分析方法基本理论

(1)短期随机海况应力过程

通过如下方法获得短期海况疲劳分析应力:

① 通过对各个波浪方向和波浪频率下结构进行强度分析,组合计算结果,得到结构各浪向的应力响应传递函数 $H_\sigma(\omega \mid \theta)$。

② 对于每一个短期海况,通过线性比例缩放波浪谱 $S_\eta(\omega \mid H_s, T_z)$ 得到结构应力响应谱 $S_\sigma(\omega \mid H_s, T_z, \theta)$。

$$S_\sigma(\omega \mid H_s, T_z, \theta) = \mid H_\sigma(\omega \mid \theta) \mid^2 \cdot S_\eta(\omega \mid H_s, T_z) \qquad (3-31)$$

式中　$H_\sigma(\omega \mid \theta)$——结构应力响应传递函数;

　$S_\eta(\omega \mid H_s, T_z)$——波浪谱;

　　　H_s——有义波高;

　　　T_z——波浪平均跨零周期;

　　　θ——方向角;

　　　ω——频率。

③ 对于每一个短期海况,计算应力响应谱的第 n 阶矩 m_n。

$$m_n = \int_0^\infty \omega^n S_\sigma(\omega \mid H_s, T_z, \theta) \mathrm{d}\omega \qquad (3-32)$$

由于小波高海浪和中浪将造成结构的大部分疲劳损伤,考虑海况条件为短峰波海况。使用余弦函数平方$\left[2/\pi\cos^2(\theta)\right]$来描述短峰波在波浪方向$-90°\sim90°$范围内各个方向上的能量散布,应用波浪散布函数,短期海况应力响应谱矩表达式见式 3-33,波浪能量散布示意图如图 3-63 所示。

$$m_n = \int_0^\infty \sum_{\theta'=\theta-90}^{\theta'=\theta+90} \left(\frac{2}{\pi}\right) \cos^2\theta' \cdot \omega^n S_\sigma(\omega \mid H_s, T_z, \theta) \mathrm{d}\omega \qquad (3-33)$$

通常,如果不考虑短峰波的能量散布,计算结构疲劳寿命偏保守。

④ 使用谱矩计算各海况应力过程均方差 σ_i、过零频率 f_{oi}、峰值频率 f_{pi}、谱宽参数,其中 m_{ni} 表示第 i 个海况的第 n 阶矩,$\sigma_i = \sqrt{m_{2i}}$,$f_{oi} = \frac{1}{2\pi}\sqrt{\frac{m_{2i}}{m_{0i}}}$,$f_{pi} = \frac{m_{4i}}{m_{2i}}$。

第 i 个短期海况应力分布的 Rayleigh 概率密度函数和带宽系数为

$$g(S) = \frac{S}{4\sigma_i^2} \exp\left[-\frac{S^2}{8\sigma_i^2}\right] \qquad (3-34)$$

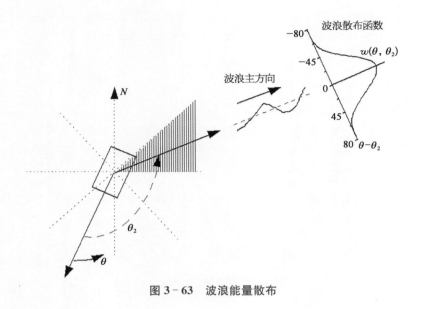

图 3 - 63 波浪能量散布

$$\varepsilon_i = \sqrt{1 - \frac{m_2^3}{m_0 m_4^2} \cdot \frac{1}{4\pi^2}} \qquad (3-35)$$

如果谱宽系数 ε_i 接近 1，该短期海况应力随机过程认为是窄带的，如果谱宽系数 ε_i 接近 0，该短期海况应力随机过程认为是宽带的。对于每个短期海况结构应力谱是不同的，每个短期海况需单独根据 ε_i 进行判断。

（2）宽带应力随机过程结构疲劳损伤

① 窄带随机过程和宽带随机过程。

一般规范中疲劳计算是基于结构应力随机过程是窄带的假定，此时结构应力范围服从 Rayleigh 分布。通常应力随机过程是宽带的，一般采用在窄带应力随机过程结构疲劳损伤计算公式中增加雨流更正系数的方法计算宽带应力随机过程对结构造成的疲劳损伤。窄带随机过程和宽带随机过程的不同如图 3 - 64 所示，图中窄带随机过程和宽带随机过程具有相同的均值和平均过零周期。对于窄带随机过程应用 Miner 原理，应力循环很容易识别；而对于宽带随机过程，其单个循环应力范围很难识别，通常要通过雨流计数的方法分析宽带随机过程的应力范围，从而得到应力随机过程的循环数和应力范围。

② 等效窄带随机过程。

对于稳态高斯窄带随机过程，循环寿命 n 的结构疲劳损伤如下：

$$D_{NB} = \frac{n}{A} (2\sqrt{2}\sigma)^m \Gamma\left(\frac{m}{2} + 1\right) \qquad (3-36)$$

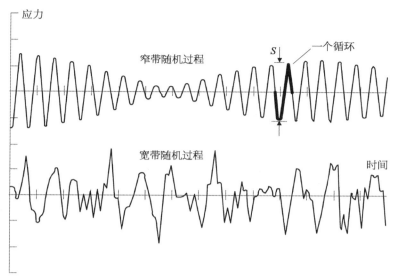

图 3-64　窄带随机过程和宽带随机过程

同样，D_{NB} 可以用时间和频率来表达：

$$D_{NB} = \frac{f_o t}{A} (2\sqrt{2}\sigma)^m \Gamma\left(\frac{m}{2} + 1\right) \tag{3-37}$$

可以假定与窄带应力随机过程具有相同均值、方差和平均过零周期的宽带应力随机过程对结构造成与窄带随机过程相同的疲劳损伤，该窄带随机过程叫作宽带随机过程的等效窄带随机过程。一般来讲，使用等效窄带应力随机过程计算结构的疲劳损伤较保守，但计算误差不超过 10%。

③ 雨流计算方法。

将宽带随机过程旋转 90°，如图 3-65 所示，在进行计数时假定如下：

a. 认为每个凹槽处有一个水源，水流从"屋顶"流下；

b. 当水流通过一个比自己发源凹槽更低的凹槽时被中断，这个路径可定义应力范围 S_1，并且该应力范围的平均值也被定义；

c. 如一个从图中点 3 开始的水流，当其与另一个水流相交时即中断，由此可定义另一个应力范围 S_2；

d. 相同的过程在整个随机过程中重复应用，定义所有应力范围；

e. 认为随机过程峰值处有一水源，可以重复该计数过程，由峰值水源计数和凹槽水源计数得到的应力范围和循环数应当匹配。

④ 宽带应力随机过程结构疲劳损伤表达式。

通过引入修正系数可对等效窄带应力随机过程计算结果进行修正。

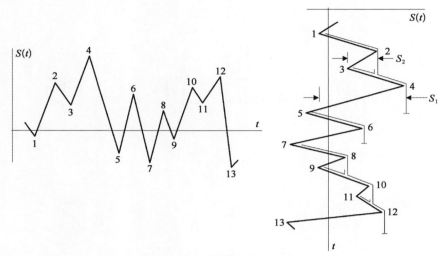

图 3-65　雨流计数示意图

$$D = \lambda D_{NB} \tag{3-38}$$

式中　λ——带宽更正系数,其与应力谱密度函数及 S-N 曲线斜率密切相关。

通过如下假定可求得带宽更正系数 λ:S-N 曲线直至应力范围为零有效;采用雨流计数方法计算疲劳应力范围;忽略每一个应力循环平均应力的影响。

带宽更正系数可由以下表达式计算:

$$\lambda_i = [1 - (0.926 - 0.033m)](1 - \varepsilon_i)^{(1.587m - 2.323)} \tag{3-39}$$

(3) 结构疲劳损伤计算

使用双线性 S-N 曲线计算结构疲劳损伤,双线性 S-N 曲线斜率在 $Q = (S_q, 10^q)$ 从 m 变为 $m' = m + \Delta m$,常数 K 变为 K'。可计算结构的疲劳损伤为:

$$D = \frac{T}{K}(2\sqrt{2})^m \Gamma(m/2 + 1) \sum_i \lambda(m, \varepsilon_i) \mu_i f_{oi} p_i (\sigma_i)^m \tag{3-40}$$

式中　$\mu_i = 1 - \dfrac{\displaystyle\int_0^{S_g} S^m g_i \mathrm{d}s - \left(\dfrac{K}{K'}\right) \int_0^{S_g} S^{m+\Delta m} g_i \mathrm{d}s}{\displaystyle\int_0^\infty S^m g_i \mathrm{d}s}$;

$\lambda(m, \varepsilon_i)$——雨流更正系数;

T——预计寿命期;

f_{oi}——短期海况应力平均跨零频率;

σ_i——短期海况应力范围方差;

p_i——短期海况出现概率。

3）典型平台谱疲劳分析

（1）结构谱疲劳分析流程

本部分内容使用 DNV 开发的 Sesam 软件包进行半潜式平台结构的谱疲劳分析，Sesam 是集水动力与有限元分析为一体的专业软件包。以 Sesam 为依托，按如图 3 - 66 所示的流程进行结构的疲劳寿命分析。

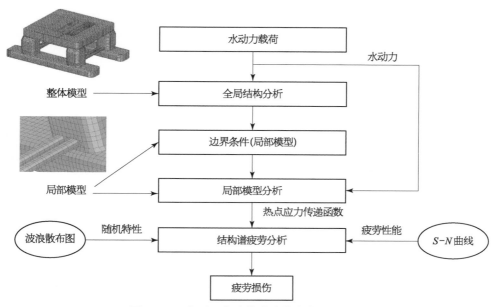

图 3 - 66　典型平台结构谱疲劳寿命分析流程

在分析过程中，由于直接计算疲劳强度的工作量很大，因此涉及的节点不宜过多。首先，要根据结构形式和强度分析结果筛选出典型节点，在针对目标节点作详细的谱分析；然后，半潜式平台的低周疲劳是一种长期累积行为，中低海况在海浪疲劳贡献中占主要地位，因此采用 Wadam 进行波浪载荷的线性频域分析是可行的；最后，按准静态方法进行节点热点应力传递函数计算时为限制刚体位移，需要定义合适的位移边界条件，位移边界应避开疲劳校核热点一定距离，以免应力计算结果失真。

（2）应力响应传递函数计算

半潜式平台遭受各种环境载荷，但只有波浪载荷会产生显著的循环应力，其他载荷产生的应力在疲劳分析中无需考虑。在钻井平台生命周期中，风暴自存状态和拖航状态的时间很短，所以在进行疲劳分析时，取作业状态进行结构疲劳校核。为进行平台局部结构疲劳分析，计算局部节点应力响应分为以下几步。

① 计算平台总体结构水动力载荷。依据 ABS 规范选取绕平台一周的 12 个浪向，每个浪向在 3～25 s 范围内取 20 个波浪频率，共计 240 个工况，使用 Sesam - Wadam 计

算 HYSY981 平台在这 240 个工况下遭受的水动力载荷和惯性平衡力,并将载荷自动传递给平台总体有限元模型。

② 计算平台总体结构响应确定局部模型边界条件。用 Sesam - Sestra 计算平台结构的总体响应而后用 Sesam - Submod 将总体结构计算确定的边界条件传递给局部结构。

③ 计算局部结构遭受的水动力载荷。局部结构计算时,为了准确获得疲劳校核点处热点应力,局部模型除了考虑结构边界条件外,当局部模型遭受流体载荷时也要计入局部结构所遭受的流体载荷。在此仍然使用 Sesam - Wadam 计算与各边界条件相对应的流体载荷,并将载荷传递给局部模型。

④ 计算疲劳热点应力响应。计算局部结构应力响应,按浪向组合各工况计算结果,获得疲劳热点应力响应传递函数 $H(s)$。

(3) 长期海况资料

目标平台目标作业海域为中国南海,该海域波浪一年内分布见表 3 - 40。疲劳计算中波浪谱采用 JONSWAP 谱,形状参数 $\mu_a = 2$,$\mu_{\sigma_a} = 0.07$,$\mu_{\sigma_b} = 0.09$。

表 3 - 40　中国南海一年内波浪分布　　　　　　　(单位:%)

波高	周期(T_z/s)								
(H_s/m)	≤3	3~4	4~5	5~6	6~7	7~8	8~9	9~10	≥10
0~0.5	2.76	5.5	3	0.63	0.11	0	0	0	0
0.5~1.0	1.23	7.44	4.04	2.78	0.82	0	0	0	0
1.0~1.5	0.04	8.87	5.54	2.73	1.43	0.13	0	0	0
1.5~2.0	0	0.95	13.2	2.41	1.09	0.20	0	0	0
2.0~2.5	0	0	10.39	2.82	1.03	0.12	0	0	0
2.5~3.0	0	0	1.15	8.67	0.52	0.16	0.09	0	0
3.0~3.5	0	0	0.01	5.31	0.54	0.17	0	0	0
3.5~4.0	0	0	0	1.35	1.21	0.25	0	0	0
4.0~4.5	0	0	0	0	0.6	0.11	0	0	0
4.5~5.0	0	0	0	0	0.11	0.09	0	0	0
5.0~6.0	0	0	0	0	0.11	0.11	0	0	0

(4) $S - N$ 曲线的选取

选用 ABS 规范中给出的浸在海水中非管节点结构的双线性 $S - N$ 曲线来分析结构的疲劳寿命。其中,对于平台立柱和撑杆连接处的外部肘板的应力集中区域使用 ABS - B(CP) 曲线计算该处材料的疲劳;对于平台立柱和撑杆连接处焊缝部位使用 ABS - E(CP) 曲线计算该处的热点疲劳寿命;对于平台立柱和上甲板连接处焊缝部位使

用 ABS - E(A)曲线计算该处的热点疲劳寿命。该类 $S - N$ 曲线的参数见表 3 - 41,回归公式如下:

$$
\left.\begin{aligned}
\log(N) &= \log(A) - m \cdot \log(S) & t \leqslant 22 \text{ mm} \\
\log(N) &= \log(A) - m \cdot \log(S) - m \cdot \log\left(\frac{t}{22}\right)^{\frac{1}{4}} & t > 22 \text{ mm}
\end{aligned}\right\} \; S \geqslant S_Q
$$

$$(3 - 41)$$

$$
\left.\begin{aligned}
\log(N) &= \log(C) - r \cdot \log(S) & t \leqslant 22 \text{ mm} \\
\log(N) &= \log(C) - r \cdot \log(S) - r \cdot \log\left(\frac{t}{22}\right)^{\frac{1}{4}} & t > 22 \text{ mm}
\end{aligned}\right\} \; S < S_Q
$$

$$(3 - 42)$$

表 3 - 41 　 $S - N$ 曲线参数

$S - N$ 曲线	A	m	C	r	NQ	SQ(MPa)
ABS - B(CP)	4.04×10^{14}	4.0	1.02×10^{19}	6.0	6.4×10^5	158.5
ABS - E(CP)	4.16×10^{11}	3.0	2.30×10^{15}	5.0	1.01×10^6	74.4
ABS - E(A)	1.04×10^{12}	3.0	9.97×10^{14}	5.0	1.00×10^7	47.0

(5) 结构疲劳分析的影响因素

依据规范,要考虑以下 7 种因素对结构疲劳寿命的影响。

① 结构中平均应力影响。$S - N$ 曲线是根据应力幅值拟合而得到的,忽略了平均应力对疲劳强度的影响。计算中要引入平均应力影响因子,考虑平均应力对疲劳强度的影响。规范中规定基材平均应力影响因子如图 3 - 67 所示,焊接节点的平均应力影响因子如图 3 - 68 所示。

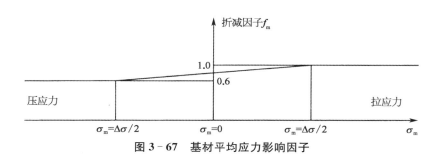

图 3 - 67 　基材平均应力影响因子

② 板材厚度影响。规范中规定,当板厚超过参考厚度 t_R 时必须对疲劳应力范围进行修正,公式如下:

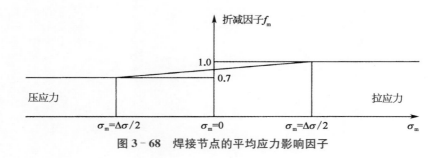

图 3-68 焊接节点的平均应力影响因子

$$S_f = S\left(\frac{t}{t_R}\right)^{-q} \tag{3-43}$$

式中 S——计算应力范围；

　　q——板厚修正指数,本文中 t_R 取 22 mm,q 取 0.25。

③ 疲劳应力取值区间。规范规定疲劳热点应力范围为焊缝法线左右 45°区域内的主应力范围,该区域内的交变应力是引起疲劳和裂缝生成的主要应力,在计算中取该区域内 3 个主应力中的最大值作为疲劳热点应力,取值区域如图 3-69 所示。

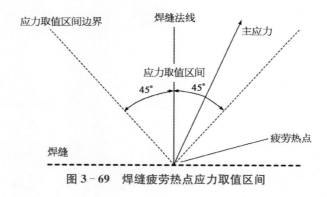

图 3-69 焊缝疲劳热点应力取值区间

④ 疲劳应力取值。疲劳裂纹首先出现在焊缝所在的板表面上,同样,疲劳分析中所使用的应力范围也应该在焊缝所在板材表面提取。

⑤ 宽带谱修正。考虑热点应力谱的带宽,使用雨流修正系数对结构疲劳寿命进行修正,修正方法见前节。

⑥ 波浪能量散布。由于对结构造成主要疲劳损伤的波浪为短峰波,在疲劳分析中要考虑波浪方向谱对结构疲劳寿命的影响,认为波浪能量在入射方向疲劳寿命范围内以 $\cos^2\theta$ 的规律散布,计算方法见前节。

⑦ 作业方式选择。限于该半潜式平台的作业方式,很难确定各浪向的出现概率,依据规范在计算中取各个浪向的出现概率相同,均为 0.083 3。

4）目标平台典型节点谱疲劳分析结果

平台立柱撑杆连接处疲劳寿命分析如下。

① 校核点。

考虑结构对称,选取艉部右舷立柱撑杆连接处进行疲劳校核,共选取 22 个疲劳校核点,其中校核点 1～4、12～15 校核立柱和撑杆连接处的材料疲劳,其他校核点校核焊缝热点疲劳,其位置如图 3－70 和图 3－71 所示。

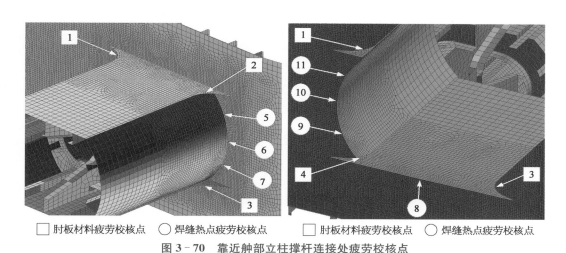

□ 肘板材料疲劳校核点　　○ 焊缝热点疲劳校核点　　　　□ 肘板材料疲劳校核点　　○ 焊缝热点疲劳校核点

图 3－70　靠近舯部立柱撑杆连接处疲劳校核点

□ 肘板材料疲劳校核点　　○ 焊缝热点疲劳校核点　　　　□ 肘板材料疲劳校核点　　○ 焊缝热点疲劳校核点

图 3－71　靠近艏部立柱撑杆连接处疲劳校核点

② 结构疲劳寿命。

结构疲劳寿命见表 3－42,由计算结果可知基本满足设计寿命 30 年的要求。校核点 1、12 处(靠近艏部、撑杆上部)与校核点 3、14 处肘板(靠近舯部、撑杆下部)的疲劳寿命小于校核点 2、13 处(靠近舯部、撑杆上部)和校核点 4、15 处(靠近艏部、撑杆下部)肘板的疲劳寿命;校核点 11、22 处(靠近艏部、撑杆上部)焊缝的疲劳寿命小于校核点 9、20 处(靠近艏部、撑杆下部)焊缝的疲劳寿命。校核点 7、18 处(靠近舯部、撑杆下部)焊缝的疲劳寿命小于校核点 5、16 处(靠近舯部、撑杆上部)焊缝的疲劳寿命。平台立柱撑杆连接处容易发生疲劳破坏的位置如图 3-72 所示,该立柱撑杆连接节点位于半潜式平台艏部右舷侧,其他几处立柱撑杆连接处节点(艏部左舷侧、艉部右舷侧、艉部左舷侧)由于平台结构的对称性,易于疲劳破坏的位置及疲劳寿命与该处结构对称相同。

表 3-42　结构校核点疲劳寿命

校核点	疲劳寿命	校核点	疲劳寿命	校核点	疲劳寿命
校核点 1	48.5 年	校核点 9	175.5 年	校核点 17	182 年
校核点 2	357 年	校核点 10	1 083 年	校核点 18	30.8 年
校核点 3	35.2 年	校核点 11	111 年	校核点 19	151 年
校核点 4	515.5 年	校核点 12	41 年	校核点 20	319.2 年
校核点 5	98.2 年	校核点 13	441 年	校核点 21	1 112.4 年
校核点 6	174.1 年	校核点 14	35.2 年	校核点 22	68.9 年
校核点 7	33.1 年	校核点 15	763.6 年	—	—
校核点 8	232 年	校核点 16	91.6 年	—	—

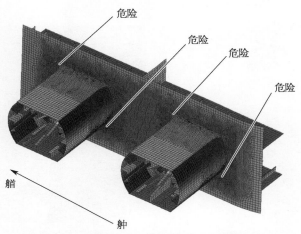

图 3-72　立柱撑杆连接处易于发生疲劳破坏位置

第4章　典型深水平台试验技术

典型深水平台试验技术一般分为水动力试验、风洞试验和涡激运动试验。在水动力试验中,主要测量内容包括:深水平台的六自由度运动、速度、加速度、所受的局部/整体载荷和平台外部各个位置的相对波面升高等数据;系泊系统的六自由度运动、速度、加速度及各段张力;其他结构如立管等的受力情况。

模型试验指的是通过在比例缩小或等比实体模型上进行的相应试验,即在采用适当比例和相似材料制成的与原型相似的试验结构(或构件)上施加比例载荷,使模型受力后再演原型结构实际工作的结构试验,试验对象为仿照原型(实际结构)并按照一定比例尺复制而成的试验代表物,它具有实际结构的全部或部分特征。模型尺寸一般要比原型结构小,按照模型相似理论,由模型的试验结果可推算实际结构的工作。严格要求的模拟条件必须是几何相似、物理相似和材料相似。

典型深水平台的模型试验的主要目的是:① 预报典型深水平台的运动和载荷,验证理论和数值预报结果是否正确,对设计方案的技术性能进行认证;② 通过模型试验能够得到理论难以预报的非线性水动力特性,发现不可预知的运动、载荷和其他未知物理现象;③ 能够为实际工程的安装和作业过程中的行为特征提供可视化预报。模型试验中,需要对水深、波浪、海流和风进行模拟,涉及试验模型的制作、试验数据的采集和试验数据的处理。

4.1 模型试验装置

4.1.1 海洋工程水池

1) 造波系统

目前国内外造波机样式众多,发展较为成熟。主要的造波机列举如下:

(1) 转筒式造波机

转筒式造波机主体为一个偏心的圆柱体,传动装置通过旋转该偏心圆柱体,使得其在水池中产生波浪,转筒式造波机在水池中的截面如图 4-1 所示。

(2) 冲箱式造波机

冲箱式造波机的主体部分为箱型结构,在造波方向为抛物线外廓,在另外方向为垂直水面的平面。传动装置使得箱型结构在造波端的水面上下运动,使得冲箱抛物线前方的水面太高或者下降,由此在水面上形成波浪。调节和控制冲箱上下运动幅值和周期(频率),可以产生不同波高和波长的波浪。冲箱式造波机的结构简单,传动装置单

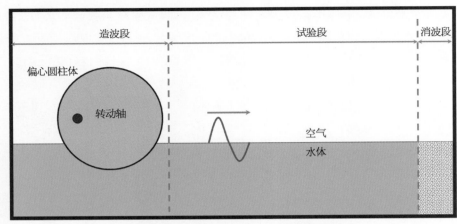

图 4-1　转筒式造波机在水池中的截面示意图

一，维修方便，使得在早期的造波系统中广泛采用。但是由于整体结构重量大、运动惯量大，因此功率大、耗能高，对造波质量的控制难度较大，目前使用较少。冲箱式造波机在水池中的截面如图 4-2 所示。

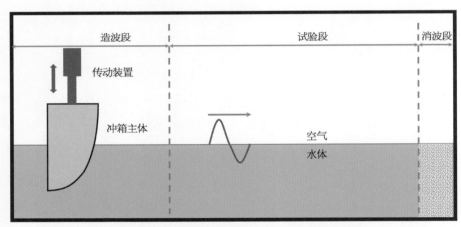

图 4-2　冲箱式造波机在水池中的截面示意图

（3）推板式造波机

推板式造波机也称为活塞式造波机，主要应用于浅水造波。通过传动装置使得活塞一端的平板往复运动，由此在水池中形成波浪。调剂和控制活塞往复运动的冲程、速度和周期（频率），可以产生不同波高和波长的波浪。推板式造波机在水池中的截面如图 4-3 所示。

（4）摇板式造波机

摇板式造波机和推板式造波机类似，只是在推板的下端与固定装置铰接。在传动

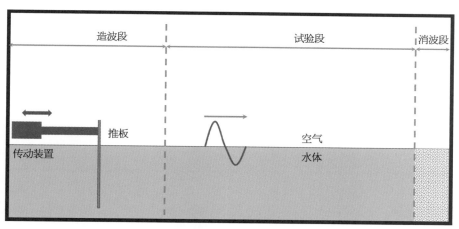

图 4‑3　推板式造波机在水池中的截面示意图

装置的带动下,造波板绕固定支座的铰接点做往复摆动,使得摇板前的水面抬高或者下降,由此形成波浪。调节和控制摇板的摆幅和周期(频率),可以产生不同波高和波长的波浪。摇板式造波机的结构简单,质量较小,采用液压传动装置,既可以调节摇板摆动频率,也可以调节摇板摆动幅度,对于造不规则波非常方便。摇板式造波机及其在水池中的截面如图 4‑4 所示。

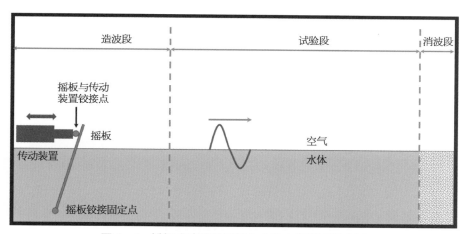

图 4‑4　摇板式造波机及其在水池中的截面示意图

对于摇板式造波机,一般根据从固定铰接点到顶端的摇板数量分为单板造波机和双板造波机。双板造波机即为在单板造波机的板中某处再设置一个铰接点,使得对于摇板的控制更能接近水体质点在不同水深处的运动情况。相比较于单板造波机,双板造波机能够在水面上形成更加复杂的波形。

(5)气压式造波机

气压式造波机是利用气压的变化来产生水面的波动。气压式造波机的主体是一排形状相同的空腔结构,形似倒扣的杯子。在空腔结构的上方空气通过气泵与外部空气连接,空腔结构下方的水体与水池中水体联通。通过空气泵的运动,利用阀门控制系统对空腔内的空气,使空腔结构内的水体升高或下降,由此在水池中产生波浪。气压式造波机能够非常方便地调节运动的频率和幅值,但是由于控制系统比较复杂,涉及不同压力下的空气压缩比等,所以控制难度大。另外由于其为间接控制,所以消耗功率较多,造价昂贵,目前应用较少。气压式造波机及其在水池中的截面如图 4-5 所示。

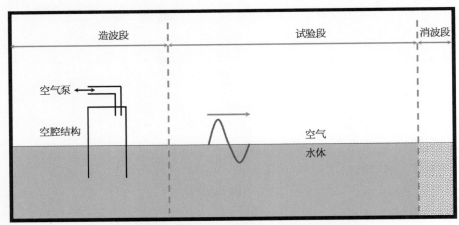

图 4-5 气压式造波机及其在水池中的截面示意图

（6）蛇形造波机

蛇形造波机是由多个独立的推板或者摇板造波机组成的复杂造波机系统,其中每一个独立的推板或者摇板造波机被称为一个单元造波机。当每个单元造波机以相同的频率和幅值运动时,且每个单元造波机之间不存在相位差,蛇形造波机的作用和单元造波机的作用相同;当各个单元造波机之间的存在相位差,则在水面上造出的是与造波机板面构成一个斜角的波浪。蛇形造波机的优点是能够造出斜波和三维短峰波,但由于其控制较为复杂,造价昂贵,并且其造波的极限波长会因单元造波板的板宽而受到限制,目前一般应用在较大的海洋工程水池中。蛇形造波机及其在水池中的俯视图如图 4-6 所示。

2）造流系统

目前国内外的造流系统主要分为池内循环、假底循环与池外循环 3 种形式,列举如下。

（1）池内循环

池内循环形式的造流系统结构简单,使用较为方便,因此为目前许多水池所采用。该造流系统通过在水池内布置可以移动的局部造流装置,在造流装置上均匀分布若干高速水流喷口,从而在水池的试验区域内形成均匀稳定的流场。局部造流装置可沿任

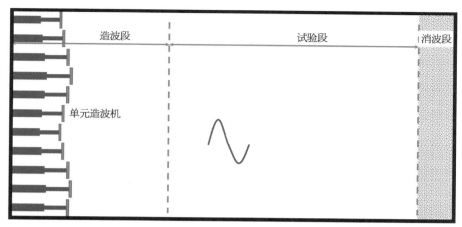

图 4－6　蛇形造波机及其在水池中的俯视示意图

何方向置于水池内不同水深处,能产生与波浪成任意角度的水流。调节造流装置水泵的转速,可以模拟不同流速的海流。该方式的主要缺点是整个水池内的流场均匀性和稳定性难以得到保证。

（2）假底循环

假底循环形式的造流系统是依靠大功率的水泵从水池流向尾端吸取水,经过水泵加压和整流后通过另一端注入水池中。通过在假底下方喷嘴中喷出的水流带动周围的水在水池内绕着假底循环,从而在假底上部形成一个方向的水的回流。该方式形成的水流正好利用了假底上部的回流,比较均匀稳定,流速随水深变化不大。流速的调节是由控制水泵电机的转速来实现的。该方式的缺点是造流能力有限,只能形成均匀流,无法模拟垂向流速剖面。假底循环截面如图 4－7 所示。

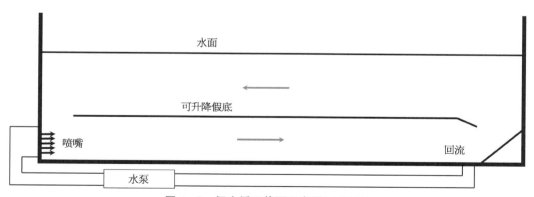

图 4－7　假底循环截面示意图(立面图)

（3）池外循环

池外循环是目前较为先进的造流系统,能够有效地将旋涡和回流等扰动源在池外进行消除,保证试验区域内的流场均匀度和湍流强度等特性满足模型试验的要求。通过大功率水泵在水池一端取水,经过管路和进水廊道进入水池。通常在进水和出水的廊道中,设置有多种整流设备,从而使得高速水流经过整流进入水池时能够满足水流速度均匀度等的要求。该形式的造流系统可以通过多个出水层实现垂直流向剖面。池外循环截面如图4-8所示。

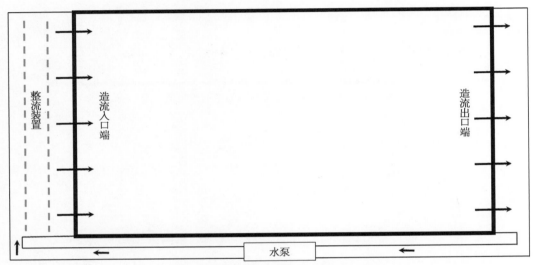

图 4-8 池外循环截面示意图(俯视图)

3) 造风系统

造风系统一般由变频仪、交流电机、轴流风机组、风速仪、计算机采集系统和计算机控制系统组成。目前,大多数的水池普遍采用局部造风的形式,其造风系统通常由多个轴流式风机并排组成,以保证风的稳定区域足以覆盖模型试验区域。造风系统大多为可移动式,便于产生不同方向的风速,一般由计算机控制风机转速,以此实现模拟不同风速的定常风和非定常风。造风系统一般设置在海洋工程水池的拖车下,海洋工程水池的造风系统如图4-9所示。

4) 国内外海洋深水试验水池

(1) 挪威皇家科学院海洋深水试验水池

挪威皇家科学院的研究领域涉及能源、岩土工程、生态环境等多方面,代表了挪威的最高科技水平,其深水试验水池如图4-10所示,其特点是水池的主体尺度较大,但未设置深井。

水池长80 m,宽50 m,最大工作水深10 m。

水池的主要装备有以下7种。

① 造波系统——水池一侧安装有双摇板造波机(规则波最大波高为0.9 m,不规则

图 4-9 海洋工程水池的造风系统

图 4-10 挪威皇家科学院海洋深水试验水池

波 $H_s<0.5\,\mathrm{m}$,$T_p>0.8\,\mathrm{s}$),相邻一侧安装有摇板式蛇形造波机(144 个造波单元,规则波最大波高为 $0.4\,\mathrm{m}$,不规则波 $H_s<0.2\,\mathrm{m}$,$T_p>0.7\,\mathrm{s}$)。

② 消波系统——造波机对面安装有消波装置。

③ 造流系统——2 m 水深时最大流速可达 0.25 m/s,5 m 水深时最大流速可达 0.18 m/s。

④ 造风系统——可移动式造风系统。

⑤ 水深调节系统——可在 0~10 m 范围内调节水池试验水深。

⑥ 拖车系统——XY 型拖车,最高速度可达 5.0 m/s。

⑦ 光学六自由度运动测量系统。

(2) 荷兰 MARIN 海洋工程水池

荷兰 MARIN(Maritime Research Institute Netherlands)海洋工程水池于 2000 年建成,如图 4-11 所示。该水池装备有各种大型仪器设备,可以模拟各种复杂的海洋环境,可开展各种深海海洋工程结构物的模拟试验研究工作。水池由水池主体和一个深井组成,长 45 m,宽 36 m,最大工作水深 10.2 m,深井工作水深 30 m,深井直径 5 m。

图 4-11　荷兰 MARIN 海洋深水试验水池

水池的主要装备有以下 7 种。

① 造波系统——水池相邻两侧安装有摇板式蛇形造波机,可以模拟各种风浪和涌,$H_s < 0.3$ m。

② 消波系统——造波机对面安装有消波装置。

③ 造流系统——造流深度为 $0 \sim 10.2$ m,可以模拟不同的流剖面,水池造流截面图如图 4-12 所示。

④ 造风系统——可移动式造风系统,分区宽度为 24 m。

⑤ 水深调节系统——水池假底可在 $0 \sim 10.2$ m 范围内调节水池试验水深,更深的试验水深可用 30 m 水深的深井来模拟,但是不能调节深度。

⑥ 拖车系统——XY 型拖车,最高速度可达 3.2 m/s,可安装转台以进行操纵性试验。

⑦ 光学六自由度运动测量系统。

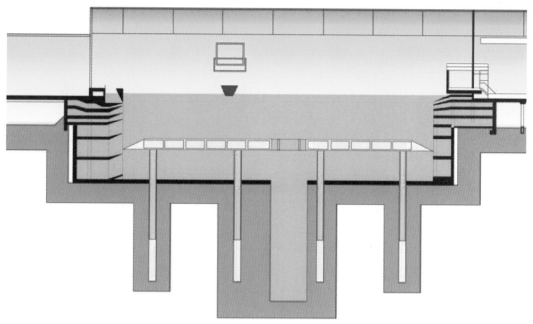

图 4‑12　荷兰 MARIN 海洋深水试验水池截面示意图

（3）美国海洋工程研究中心 OTRC 水池

位于美国休斯敦的 OTRC（Offshore Technology Research Center）海洋工程研究中心深水水池如图 4‑13 所示，其俯视图如图 4‑14 所示。它主要用于研究针对墨西哥湾等海域的 SPAR 和 TLP 等深海平台。据不完全统计，在墨西哥湾工作的大多数深海

图 4‑13　美国 OTRC 水池

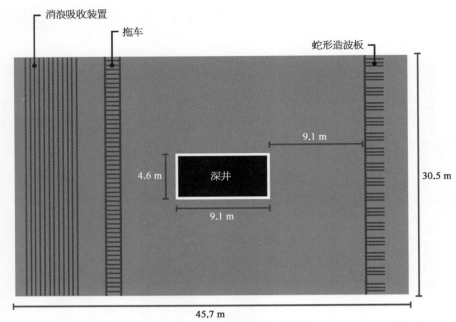

图 4-14　美国 OTRC 水池俯视图

平台均在 OTRC 进行过水池试验。水池由水池主体和一个深井组成,长 45.7 m;宽 30.5 m;最大工作水深 5.8 m;深井工作水深 5.8～16.8 m;深井长 9.1 m;深井宽 4.6 m。

水池的主要装备有以下 7 种。

① 造波系统——水池一侧安装有摇板式蛇形造波机,可以模拟各种风浪和涌,$H_s < 0.9$ m。

② 消波系统——造波机对面安装有消波装置。

③ 造流系统——组合喷射式造流系统,可以模拟不同深度和方向的流速,最大流速为 0.6 m/s。

④ 造风系统——可以模拟各个方向的风,最大风速 12 m/s。

⑤ 水深调节系统——中间深井可在 5.8～16.8 m 范围内调节深度。

⑥ 拖车系统——单方向拖车,最高速度可达 0.6 m/s。

⑦ 光学六自由度运动测量系统。

(4) 巴西 LabOceano 海洋深水水池

位于巴西里约联邦大学的 LabOceano 海洋深水水池如图 4-15 所示,研究工作主要针对深海区域。水池由水池主体和一个深井组成,长 40 m;宽 30 m;最大工作水深 15 m;深井工作水深 25 m;深井直径 5 m。

水池的主要装备有以下 7 种。

① 造波系统——水池一侧安装有摇板式蛇形造波机,可以模拟各种风浪和涌,

图 4-15 巴西 LabOceano 海洋深水水池

$H_s < 0.3\ \mathrm{m}$。

② 消波系统——造波机对面安装有消波装置。

③ 造流系统——造流深度为 0~5 m。

④ 造风系统——可以模拟各个方向的风,最大风速 12 m/s。

⑤ 水深调节系统——浮动假底可在 2.4~14.85 m 范围内调节试验水深,深井假底可在 15~24.65 m 范围内调节试验水深。

⑥ 拖车系统——单方向拖车。

⑦ 视频六自由度运动测量系统。

(5) 日本国家海事研究所海洋深水水池

日本国家海事研究所于 2001 年建成的圆形深水海洋工程水池,如图 4-16 所示,形状和配置比较奇特,与通常的海洋工程水池有所不同。该水池的最大水深为 35 m,可以模拟海上水深为 3 500 m 的波浪和水流,用以研究和发展深海工程技术。水池由圆形水池主体和一个深井组成,水池直径 14 m,最大工作水深 5 m,深井工作水深 35 m,深井直径 6 m。

水池的主要装备有以下 7 种。

① 造波系统——水池的外围圆形池壁上配置了 128 个单元的推板式蛇形造波机,可以模拟规则波和不规则波,$H_s < 0.5\ \mathrm{m}$。

② 消波系统——使用造波板主动式消波系统。

③ 造流系统——配备局部造流系统,在水池中央 1 m 范围内最大流速为 0.2 m/s。

④ 造风系统——无造风系统。

图 4-16　日本国家海事研究所海洋深水水池

　　⑤ 水深调节系统——深井假底可在 5～35 m 范围内调节试验水深。

　　⑥ 拖车系统——无拖车系统。

　　⑦ 光学六自由度运动测量系统。

　　(6) 上海交通大学海洋深水水池

　　上海交通大学海洋深水水池是我国首座海洋深水试验池,如图 4-17 所示,由国家、上海市政府、上海交通大学、中国海洋石油集团有限公司联合投资建设。水池具备再现大范围飓风、三维不规则波、各种奇异波浪、典型垂向流速剖面深水流等深海复杂环境的能力;模拟船舶及海洋工程结构物在深海环境中出现的各种力学特性和工程现象的能力;测量分析试验对象在深海环境条件作用下载荷、运动、结构动力响应等的能力。水池已拥有开展 0～4 000 m 水深的海洋工程模型试验研究的能力。海洋深水试验池主要研究工作包括:深水半潜式平台、单柱式平台、TLP、FPSO 和 FLNG 等深水船舶与海洋工程结构物性能预报、工程设计与验证优化;新概念海洋平台、高性能船舶、海洋能源资源利用新装备、海上特种施工设备等的探索与性能验证;复合环境条件模拟、大尺度模型试验、甲板上浪和倾覆机理等各种复杂物理现象的基础研究。自 2008 年底建成投入试运行以来,海洋深水水池已完成国家自然科学基金、国家科技重大专项、国家 863 计划课题、工信部课题等数十项国家重大课题研究。同时还承担了多项国际国内工程合作研究项目。一流性能表现和研究能力得到了国际海洋工程界的广泛认可和好评,在国际海洋工程界拥有很高的知名度。水池由水池主体和一个深井组成,长 50 m,宽 40 m,最大工作水深 10 m,深井工作水深 40 m,深井直径 5 m。

　　水池的主要装备有以下 7 种。

图 4‑17　上海交通大学海洋深水水池

① 造波系统——在水池相邻两侧安装有两组垂直布置的摇板式蛇形造波机,可产生长峰波和短峰波,$H_s < 0.3$ m;

② 消波系统——造波机对面设置有消波滩进行波能吸收;

③ 造流系统——池外循环式造流系统,可在整个水池中产生所需剖面的水流,造流深度为 0~10 m,水池整体最大均匀流速为 0.1 m/s;

④ 造风系统——配备移动式造风系统,可产生任意方向的定常风或风谱(非定常风),最大风速可达 10 m/s,最大风速宽度为 24 m;

⑤ 水深调节系统——水池假底可在 0~10 m 范围内调节试验水深,深井假底可在 0~40 m 范围内调节试验水深;

⑥ 拖车系统——横跨整个水池配有大跨度 XY 型拖车,最大速度为 1.5 m/s;

⑦ 配备了非接触式六自由度运动测量系统,实时测量风、浪、流等海洋环境的仪器设备,实时测量各种运动和载荷等物理量的仪器设备。

4.1.2　拖曳水池

拖曳水池是水动力学实验的一种设备,是用船舶模型试验方法来了解船舰的运动、航速、推进功率及其他性能的试验水池,其中的试验是由电动拖车牵引船模进行的,因而得名。在海洋工程试验中,常用拖曳水池拖车速度代替水流速度进行涡激运动等试验。

拖曳水池池体为钢筋混凝土结构,一般为矩形,在两边池壁上铺设轨道,拖车在轨道上行走。拖车由直流电动机驱动拖曳船模进行试验,对拖曳速度实行自动控制,保持速度精度 0.3%~1%。水池横剖面面积(池宽×水深)应超过船模水线以下中央横剖面面积 250 倍,池壁效应方可忽略不计。水池长度根据拖车最高速度而定,包括拖车的加速段、等速段和减速段的距离。为模拟浅水航行,池底要平坦,水深可调节。

相对于直接在海洋工程水池中造流,在拖曳水池中能够更好地控制运动速度,但其缺点也较为明显,受水池尺度限制,模型比尺有限,同时只能模拟均匀流速情况,下面对国内外著名拖曳水池进行简单介绍。

1) 中国船舶重工集团公司第七〇二研究所深水拖曳水池

该水池位于江苏无锡,建于 1951 年,如图 4 - 18 所示,其主要特点是在水池中部采用截面设计,如图 4 - 19 所示,水池长 474 m,宽 7.5 m/14 m(中间部分位置水池宽度为 14 m),深 7 m,拖车 1 速度 0.1~20 m/s,拖车 2 速度 0.1~15 m/s。

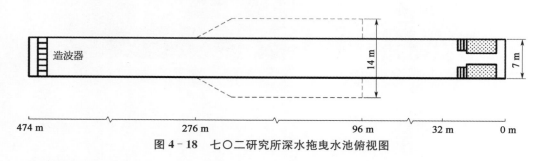

图 4 - 18 七〇二研究所深水拖曳水池俯视图

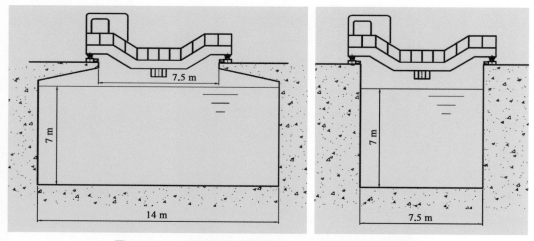

图 4 - 19 七〇二研究所深水拖曳水池不同位置截面示意图

2) 中国船舶工业集团公司第七〇八研究所大型拖曳水池

该水池位于上海,建于 1950 年,如图 4 - 20 所示,其主要特点是在水池中间有部分具备横向造波能力,不同位置截面如图 4 - 21 所示,水池长 280 m,宽 10 m(中间部分位置具备横向造波能力),深 5 m,拖车速度 0.1~9 m/s。

3) MARIN 拖曳水池

该水池位于荷兰瓦格宁根,建于 1932 年,如图 4 - 22 所示,水池长 252 m,宽

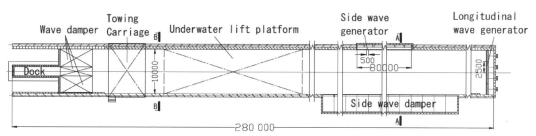

图 4 - 20　七〇八研究所大型拖曳水池俯视图

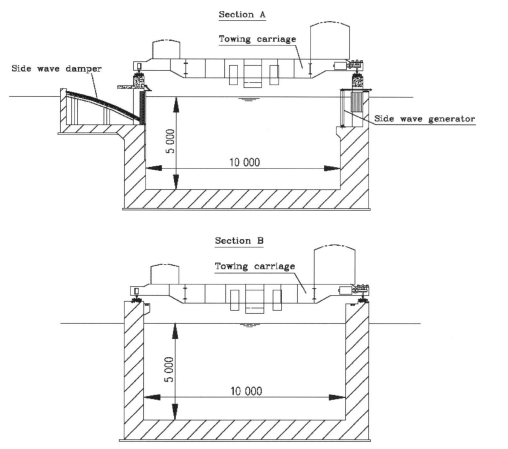

图 4 - 21　七〇八研究所大型拖曳水池不同位置截面图

10.5 m,深 5.5 m,拖车速度 0.1~9 m/s。

　　4)日本国家海事研究所拖曳水池

　　该水池位于日本东京,建于 2001 年,如图 4 - 23 所示,截面图如图 4 - 24 所示,水池长 400 m,宽 18 m,深 8 m,拖车速度 0.1~15 m/s。

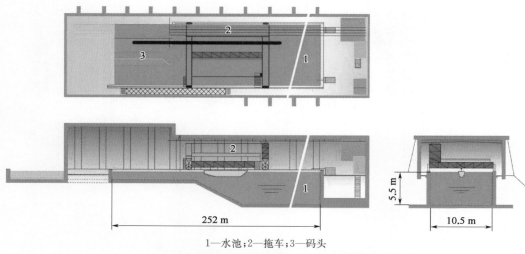

1—水池;2—拖车;3—码头

图 4－22　MARIN 拖曳水池示意图

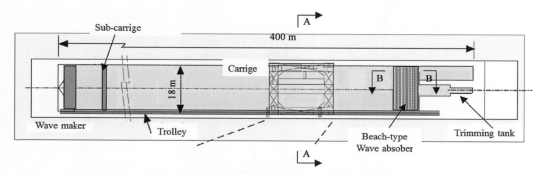

图 4－23　日本国家海事研究所拖曳水池俯视图

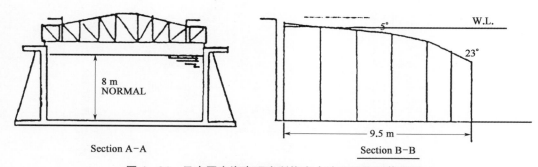

图 4－24　日本国家海事研究所拖曳水池不同位置截面图

5）上海船舶运输科学研究院拖曳水池

该水池位于上海,建于 1962 年,如图 4－25 所示,水池长 192 m,宽 10.8 m,深 4.2 m,拖车速度 0.1～9 m/s。

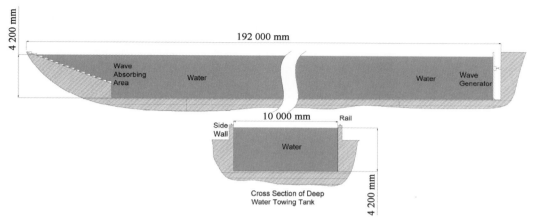

图 4 - 25 上海船舶运输科学研究院拖曳水池示意图

6) 挪威皇家科学院拖曳水池

该水池建于 1939 年,如图 4 - 26 所示,水池长 260 m,宽 10.5 m,深 5.6/10 m,拖车速度 0.1~10 m/s。

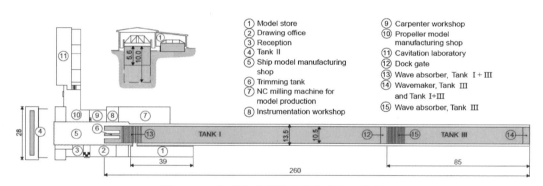

图 4 - 26 挪威皇家科学院拖曳水池示意图

7) 韩国三星重工拖曳水池

该水池位于韩国大田,建于 1996 年,如图 4 - 27 所示,水池长 400 m,宽 14 m,深 7 m,拖车 1 速度 0.1~18 m/s,拖车 2 速度 0.1~5 m/s。

4.1.3 风洞

风洞即风洞实验室,是以人工的方式产生并控制气流,用来模拟海洋工程结构物或航天飞行器等物体周围气体的流动情况,并可量度气流对实体的作用效果及观察物理现象的一种管道状实验设备,它是进行空气动力实验最常用、最有效的工具之一。

与航空航天所需的高速风洞实验室不同,海洋工程中的风洞一般风速较低,为低速

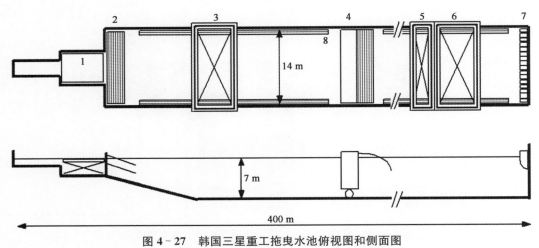

图 4‑27 韩国三星重工拖曳水池俯视图和侧面图

风洞。低速风洞实验段有开口和闭口 2 种形式,截面形状有矩形、圆形、八角形和椭圆形等,长度视风洞类别和实验对象而定。20 世纪 60 年代以来,还发展出双实验段风洞,甚至三实验段风洞。

直流式闭口实验段低速风洞是典型的低速风洞。在这种风洞中,风扇向右端鼓风而使空气从左端外界进入风洞的稳定段,稳定段的蜂窝器和阻尼网使气流得到梳理与和匀,然后由收缩段使气流得到加速而在实验段中形成流动方向一致、速度均匀的稳定气流。

回流式风洞实际上是将直流式风洞首尾相接,形成封闭回路。气流在风洞中循环回流,既节省能量又不受外界的干扰。风洞也可以采用别的特殊气体或流体来代替空气,用压缩空气代替常压空气的是变密度风洞,用水代替空气的称为水洞。

此外,风洞实验段的流场品质,如气流速度分布均匀度、平均气流方向偏离风洞轴线的大小、沿风洞轴线方向的压力梯度、截面温度分布的均匀度、气流的湍流度和噪声级等必须符合一定的标准,并定期进行检查测定。

4.2 模型相似准则

4.2.1 几何相似准则

实物和模型满足几何相似的条件是两者的所有线性尺度的比值为常数,一般将模

型缩尺比记为 λ。 所有线性尺度,如实物和模型的长宽高等各项相应比值均需等于缩尺比。如有任何一项线性尺度,或实物和模型中的任何一部分不能满足缩尺比均不能称为几何相似。

对应的,实物和模型的相应面积之比为 λ^2,相应的体积之比为 λ^3。 为了保证模型和实物严格符合几何相似条件,需要在模型的制作和模拟过程中,完全按照统一的模型缩尺比,对所有这些尺度参数以及外形设计尺寸进行换算。

特别的,如受制于试验装置的限制,只能使用较小的 λ。在 λ 较小的模型设计制作中,由于比尺小,则模型较小,故对实物中一些细小构件及对水动力或者气动力影响不大的构件(如扶手、绳索等)等可以进行简化处理,甚至略去。

正确选择一个合适的 λ 是每次进行深式平台模型试验的首要问题。根据国际海洋工程界的一般惯例,深水平台模型试验的 λ 范围为 $40\sim200$,针对具体的平台,还应综合考虑试验任务书中规定的各项要求和海洋深水试验池本身的特点和对环境条件模拟的能力。具体而言,应考虑以下 4 个方面的内容。

① 模型大小是决定 λ 的首要因素。如果模型过小,试验的尺度效应突出,模型制作和模拟的相对精度降低,以及试验测量数据的相对误差增大;模型过大则会受到水池池壁效应的影响,造成水池中过量的波浪反射而干扰正常试验结果。

② 海洋深水试验池的尺度。试验中要对相应海域的水深进行模拟,从水深模拟要求可以得到 λ 的上限。根据海洋平台整套系泊系统的布置及水池的长度和宽度,可以得到 λ 的上限。

③ 海洋深水试验池中的风、浪、流模拟能力。水池中配置的造风和造流能力均有一定的极限,λ 选取时不应超过该极限。此外,水池可以模拟的最高的波浪和最小的波浪(短波)分别决定了 λ 的上限和下限。

④ 各类测量仪器的测量范围。深水平台模型试验时需要测量的内容很多,诸如风速、流速、浪高、平台模型的六自由度运动、各锚链和缆绳的张力等。由于实验室一般都备有量程大小不同的各类测量仪器,仪器的测量功能通常不是 λ 选取的决定因素,但出于方便考虑,在决定 λ 时也应加以考虑。

4.2.2　水动力试验相似准则

深水平台的水动力模型试验主要是研究其在风、浪、流作用下的运动和受力,重力和惯性力是其受力的主要因素。傅汝德(Froude)数相似即是保证模型和实物之间重力和惯性力的正确相似关系。此外,物体在波浪上的运动和受力带有周期变化的性质,模型和实物之间还必须保持斯托哈尔(Strouhal)数相等。

$$Fr = \frac{V_{\mathrm{m}}}{\sqrt{gL_{\mathrm{m}}}} = \frac{V_{\mathrm{r}}}{\sqrt{gL_{\mathrm{r}}}} \tag{4-1}$$

$$St = \frac{V_\mathrm{m} T_\mathrm{m}}{L_\mathrm{m}} = \frac{V_\mathrm{r} T_\mathrm{r}}{L_\mathrm{r}} \qquad\qquad (4-2)$$

式中　　Fr——傅汝德数；

　　　　St——斯托哈尔数；

　　　　V_m——模型速度；

　　　　V_r——实物速度；

　　　　L_m——模型特征线尺度；

　　　　L_r——实物特征线尺度；

　　　　T_m——模型主要周期；

　　　　T_r——实物主要周期。

　　根据上述相似法则,模型与实物各种物理量之间的转换关系如下表,表 4-1 中 γ 表示海水比重($\gamma = 1.025$)。

表 4-1　模型与实物各种物理量之间的转换关系

项　　目	符　　号	缩尺比
线尺度	$L_\mathrm{r}/L_\mathrm{m}$	λ
线速度	$v_\mathrm{r}/v_\mathrm{m}$	$\lambda^{1/2}$
线加速度	$a_\mathrm{r}/a_\mathrm{m}$	1
角度	$\phi_\mathrm{r}/\phi_\mathrm{m}$	1
角速度	$\dot{\phi}_\mathrm{r}/\dot{\phi}_\mathrm{m}$	$\lambda^{-1/2}$
周期	$T_\mathrm{r}/T_\mathrm{m}$	$\lambda^{1/2}$
面积	$A_\mathrm{r}/A_\mathrm{m}$	λ^2
体积	$V_\mathrm{r}/V_\mathrm{m}$	λ^3
惯性矩	$I_\mathrm{r}/I_\mathrm{m}$	$\gamma\lambda^5$
力	$F_\mathrm{r}/F_\mathrm{m}$	$\gamma\lambda^3$

　　除了上述表中的物理量之外,模型试验中还会应用到一些物理量,如刚度、单位长度重量、弹性系数、回复力系数、阻尼系数、风力系数、流力系数、功率谱密度等,其转换系数都可以应用质量、长度及时间等基本变量的变换关系进行计算。

　　水流经过直立圆柱体时,如 SPAR 筒体、半潜式平台的立柱等,在其后部会周期性地产生旋涡,因而引起物体收到周期性的作用力,形成物体的振动,通常称为涡激振动。对于涡激振动的试验研究必须满足模型和实物的斯托哈尔数相似。

4.2.3　风洞试验相似准则

　　对于模型的风载荷测试,需保证模拟风场风速沿高度分布与实际风场风速沿高度分布一致。如实际风场风速沿高度分布的风谱选取为 NPD 风谱,也即是海面 $z(m)$ 处相应的瞬时风速 $u(z, t)$ 为

$$u(z, t) = U(z)\left[1 - 0.41I_u(z)\left(\frac{t}{3\,600}\right)\right] \tag{4-3}$$

其中,$z(m)$ 处的时均风速 $U(z)$ 和紊流强度 I_u 表达如下:

$$U(z) = U_0\left[1 + C\ln\left(\frac{z}{10}\right)\right] \tag{4-4}$$

$$I_u = 0.06[1 + 0.043U_0]\left(\frac{z}{10}\right)^{-0.22} \tag{4-5}$$

式中　U_0——海平面上 10 m 处的时均风速,$C = 0.057\,3\sqrt{1 + 0.15U_0}$。

　　对风场风速模拟调试测试,直接以风洞小试验段的风洞地板平面模拟海平面,在固定试验模型转盘的前端布置尖劈及粗糙元等模拟大气边界层,测试风速剖面,调试得到试验用海上大气边界层风场,以便进行水平面以上的平台船体和上部组块的风载荷测试,也即是满足 NPD 风谱的风场。对海流场速度模拟调试测试,直接以试验段风洞地板平面为模拟海底泥面,风洞地板上面不放任何物体测试流速剖面,测试得到试验用海水海流速度场,以便进行水平面以下部分模型流载荷测试。

　　另外,为了使水上模型风载荷满足动力相似,则必须满足雷诺数相似准则。理论上满足雷诺数相似准则,模拟风速则是实际风速的缩尺比倒数倍,因此在实验中几乎是不可能实现的。但是根据一些研究表明,当雷诺数达到一定程度,流场进入紊流状态,雷诺数相似准则自动满足,因为风洞试验是为了确定模型阻力系数;但雷诺数较小时,流体黏性力在流体总力中起一定的作用,雷诺数大小影响阻力系数;雷诺数增加,流体黏性力变小,雷诺数对阻力系数的影响减小;当雷诺数达到一定程度,流场进入紊流状态,黏性力很小几乎可以忽略时,雷诺数对阻力系数几乎没有影响,也即是认为雷诺数达到一定程度后,雷诺数相似准则自动满足,或者说雷诺数相似准则不需要考虑。因典型深水平台上部组块为不规则钝体,较低的试验风速就能实现与原型相似的流动分离,达到紊流状态,动力相似较易满足。为了确定流场进入紊流状态的风速,也即是临界雷诺数对应的风速,对物理模型进行"变风速试验"则可确定临界雷诺数对应的风速。在试验中,可结合该风速,考虑试验安全性、测试数据有效性等,选取适当的试验风速。

　　水下流载试验动力相似。根据流动相似原理,两个流动相似的充分必要条件是决定这两个流动的物理规律中导出的特征参数相等。海流绕平台水下部分流动可近似认为是不可压缩流动,其特征参数包括傅汝德数和雷诺数。傅汝德数是考虑黏性力和"波阻力"的特征参数,特别在"波阻力"很小时,可忽略傅汝德数对流体动力相似的影响,则水下流载模型试验只需考虑雷诺数相似,如果在试验中仅考虑海流绕平台水下部分流

动,而不考虑波浪力,基本不产生"波阻力",因此只需考虑雷诺数相似。由于空气和水(包括海水)都是牛顿流体,在流速较低不考虑压缩性、热量交换及忽略自由液面影响的情况下,空气中物体绕流及液体中物体绕流可用相同的流动控制方程描述,只要满足几何相似、流动相似及动力相似,空气中绕流和水中绕流是可以互相模拟的,对应的无量纲流体动力系数相等。风洞试验即应用空气中绕流模拟水中绕流,应用风洞试验得到的载荷系数预报实际流载荷。对于风洞模型试验,当绕流雷诺数达到其临界值时,模型将进入自模拟区,模型无量纲载荷系数不再随雷诺数变化,近似满足动力相似准则,风载系数可直接应用于流载预报。对物理模型进行"变风速试验"则可确定临界雷诺数对应的风速。试验可结合确定的临界雷诺数对应风速,考虑试验安全性、测试数据有效性等选取适当的试验风速。

4.3　典型深水平台模型试验

模型试验中主要的试验装置和通用的试验相似准则已经在之前章节中进行了叙述,本节主要对水动力试验、风洞试验和涡激运动试验中较为特殊的处理方式进行介绍。

4.3.1　水动力试验

1) 细长杆件的模型相似

在一般的模型试验的基础上,还需要对锚链、系泊缆和立管等细长杆件进行模拟。

(1) 细长杆件的几何相似

对于锚链和系泊缆等细长杆件,根据系泊缆的尺寸(长度和直径),按照缩尺比选用模型系泊缆的长度和直径。对于锚链和钢丝绳,模型选用微型锚链和钢丝绳模拟;对于尼龙缆,模型选用软绳或者微型钢丝绳模拟。同时,为了保证实体和模型的系泊缆在静水中的悬链线形状几何相似,必须使两者单位长度的重量相似。一般来说,满足长度和直径几何相似的模型系泊缆的单位长度重量不会直接满足相似要求。因此,需要根据实物系泊缆的重量按照相似要求算出模型系泊缆的重量,然后将模型系泊缆加上配重,将配重均分成若干小段,并将其均匀而离散地连接到系泊缆上,从而使得模型系泊缆基本上达到悬链线形状几何相似的要求。

对于立管等细长杆件,根据实物立管的尺寸(长度和直径),按照 λ 选用模型立管的长度和直径。对于垂直刚性立管,模型选用微型钢丝绳进行模拟;对于柔性立管,由于实物的弯曲刚度非常小,模型的制作需要选用特制的、非常柔软的空心塑胶软管进行模拟,以保证具有相似的几何形状。

(2) 细长杆件的弹性系数相似

深水平台在风、浪、流中运动时,系泊缆会受到拉力而伸长变形,模型系泊缆需要满足弹性系数相似,才能使模型试验中系泊缆受到的拉力及其伸长变形与实物相似。在实际模型试验中,根据几何相似选用的系泊缆模型的弹性系数一般很难满足弹性系数相似的要求。为了解决该问题,在模型系泊缆上配接合适的弹性系数和长度的弹簧,是普遍采用的模拟方法。该种方法需要注意加上弹簧之后的系泊缆长度要与实物系泊缆长度几何相似,另外在整个试验过程中,必须使弹簧保持在弹性变形的范围之内,也就是受力变形之后,撤掉受力模型系泊缆可以恢复到原来的长度。

对于立管等细长杆件,张力往往是模型试验中关注的动力响应参数之一,因此需要对立管的轴向拉伸刚度进行正确模拟。与系泊缆的模拟类似,立管弹性的模拟也需要通过配置合适的弹性和长度的弹簧来完成。在具体的试验模拟过程中,弹簧的选取原则和系泊缆模拟中类似。

2) 试验测试仪器的标定

试验测量仪器的标定是海洋工程水动力学试验过程中的重要环节,目的在于确定仪器模拟电信号和数据采集数字信号之间的比例关系(转换系数)。这种关系既与仪器本身的特性有关,也与实际模型试验中的多种具体因素有关,例如仪器的连接、安装、布置、环境温度和湿度、信号放大器的参数设置等。因此,试验中所用的所有测量仪器都必须在使用之前进行认真细致的标定工作,以确定所需要的电信号和实际物理量之间的转换系数。在标定每一个传感器时,会在测量物理量的范围内选取若干个采样点来标定,根据对采样点的线性拟合结果决定电信号和物理量之间的转换系数。通过采样点的线性拟合程度,可以看出传感器的线性度。在水动力试验中一般需要对拉力传感器、六分力传感器、浪高仪和加速度仪进行标定。

3) 海洋环境条件模拟

对于水深的模拟,一般采用升降假底的方式模拟需要的试验水深,根据试验比尺进行换算。

对于风的模拟,一般采用定常风,通过调节造风系统风机的转速,可以实现对预定风速的模拟,并用叶轮风速仪测量平台所在位置的风速。

对于海流的模拟,一般根据选取的试验水池能力,可以在剖面上采用相同流速,也可以在剖面不同位置采用流速剖面进行模拟,采用流速仪对流速进行测定。

对于波浪的模拟,一般在正式的水池试验之前,必须对所模拟的波浪进行校核,即通过改变造波机摇板的摆动幅度和速度来模拟特定的波列。规则波的模拟相对简单,只要设定好造波机摇板的摆动周期,改变摇板的摆动幅度即可得到不同波高的规则波。相比之下,不规则波的模拟要更复杂一些,也是深水平台水池模型试验的重点内容。根据试验任务书中规定的特定的不规则波波谱，即波浪的有义波高、谱峰周期等参数，采用各个试验水池中编写的分析程序，可以得到一组造波机摇板摆动的控制信号。根据所得摇板控制信号在水池中模拟波浪，用浪高仪测量试验持续时间内水池中不规则波的波浪时历，并对波浪时历进行谱分析。如果模拟所得的波谱结果与目标值相差较大，则应根据差异情况重新修正造波机摇板的控制信号。如此往复，直至水池中的波浪信号达到试验任务书中所提的要求。此外需要注意的是，由于流对波浪的影响显著，在校波时应首先在水池中生成特定流速和流向的流后，再模拟不规则波。

4）模型试验内容

一般水动力试验分为静水试验和波浪试验两部分，其中波浪试验包含规则波试验及不规则波试验。

对于静水试验，一般包括平台运动衰减试验和系统水平刚度试验。静水衰减试验的目的主要是获得平台在不同载况下的横摇、纵摇、垂荡固有周期、阻尼系数等水动力学参数，并验证模型制作及重心和惯量模拟的准确性。系统水平刚度试验的目的主要是测试得到系泊系统水平刚度特性，验证模型系泊系统模拟的准确性。

对于波浪试验，规则波试验的目的主要是获得平台在不同波浪激励频率下的运动响应特性。不规则波试验则是为了直接获得平台在不规则波条件作用下或者风浪流组合条件作用下，平台的运动、系泊缆的载荷等动力响应特性，以研究确定在各种环境条件下，平台在系泊时的安全性。

5）数据采集和分析

对于水动力试验，一般需要采集的数据见表4-2。

表4-2 水动力试验数据采集信息表

通道名称	单位	通道说明
WaveCal	m	波浪模拟中，平台中心位置的波面升高
Wave(N)	m	平台前方的波面升高
Wave(E)	m	平台侧面的波面升高
Surge	m	平台水线面几何中心处的纵荡运动
Sway	m	平台水线面几何中心处的横荡运动
Heave	m	平台水线面几何中心处的垂荡运动
Roll	°	平台横摇运动
Pitch	°	平台纵摇运动
Yaw	°	平台艏摇运动
$F_{line 1} \sim F_{line N}$	kN	平台系泊缆的顶端张力
Fx	kN	平台主体和附加结构连接处所受纵向力
Fy	kN	平台主体和附加结构连接处所受横向力

（续表）

通道名称	单位	通道说明
Fz	kN	平台主体和附加结构连接处所受垂向力
My	kN·m	平台主体和附加结构连接处所受纵向弯矩
Fx.T	kN	平台主体和附加结构连接处的总纵向力
Fy.T	kN	平台主体和附加结构连接处的总横向力
Fz.T	kN	平台主体和附加结构连接处的总垂向力
My.T	kN·m	平台主体和附加结构连接处的总横向弯矩
AccX	m/s^2	平台主甲板高度处的纵向运动加速度
AccY	m/s^2	平台主甲板高度处的横向运动加速度
AccZ	m/s^2	平台主甲板高度处的垂向运动加速度
AccRoll	°/s^2	平台横摇加速度
AccPitch	°/s^2	平台纵摇加速度
AccYaw	°/s^2	平台艏摇加速度
AirGap 1～N	m	平台位置 P1～PN 处的相对波面升高

在数据分析中，规则波试验可以得到每个波浪频率下平台运动的幅值响应和相位响应。通过一组规则波试验则可以得到该平台在波浪激励条件下的运动幅值响应特性。所有不规则波试验的统计分析结果给出了最大值、最小值、平均值、均方差、有义峰值、有义谷值、有义双幅值，且所有列表里的有义值均已扣除平均值。最大值、最小值的意义显而易见，其他统计值的含义说明如下。

对于具有各态历经性的平稳随机过程波面高度 $\xi(t)$，$t = 0 \rightarrow T$。

① 平均值：$\mu = \dfrac{1}{T} \displaystyle\int_0^T \xi(t)\mathrm{d}t$ 或 $\mu = \dfrac{1}{N} \displaystyle\sum_{i=1}^{N} \xi(t_i)$。

② 标准差或均方差，简称方差：$\sigma = \sqrt{\dfrac{1}{T} \displaystyle\int_0^T \left[\xi(t) - \mu\right]^2 \mathrm{d}t}$ 或 $\sigma = \sqrt{\dfrac{1}{N} \displaystyle\sum_{i=1}^{N} \left[\xi(t_i) - \mu\right]^2}$。

③ 有义峰值、有义谷值、有义双幅值：选取 $\xi(t)$ 的一段时历曲线如图 4-28 所示，在 t_i 时刻，曲线上行经过平均线，称之为向上过零一次，因为实际数据分析时，总要先把平均值扣除，使得平均线统一到零线，所以这里一般性地称之为"过零"。从图中可以看出，下一次向上过零发生在 t_{i+1} 时刻，而这相邻的两次向上过零之间，就构成了一个过零周期，若以 T_i 表示，则有 $T_i = t_{i+1} - t_i$，在这个过零周期里，总可找出一个最大值和一个最小值，称之为峰值和谷值，分别以 ξ_{Ai}^+ 和 ξ_{Ai}^- 表示。峰值和谷值都是单幅值，两者之差则为双幅值，若以 ξ_{Di} 表示，则有 $\xi_{Di} = \xi_{Ai}^+ - \xi_{Ai}^-$。

对于 $\xi(t)$ 的整条时历曲线，势必会有许多个这样的过零周期，若总的过零周期数记

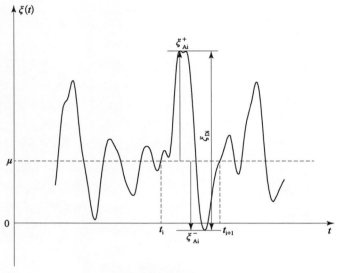

图 4 - 28　统计值说明

为 M，则同时也会有 M 个峰值、谷值和双幅值。所谓有义峰值、有义谷值、有义双幅值，是指对所有 M 个峰值、谷值和双幅值按绝对值从大到小进行排序后，取前面最大的三分之一数目幅值的平均值。

4.3.2　风洞试验

1）风洞试验模型的简化处理原则

模型的制作需要将暴露在外部环境中影响风载荷的结构和设备及水下影响阻力的结构和设备体现出来，才能使试验的数据结果精确、可靠，因此在模型制作过程中制定了如下的简化处理原则。

① 受风面结构形状一致的原则。此原则下对于封闭空间里面的设备可以简化，不进行加工。

② 受遮蔽效应影响的设备主体尺寸一致的原则。一些设备本身受到遮蔽效应的影响，贡献的载荷不大，因此对一些细部就进行了简化处理，只保证设备主体尺寸一致。

③ 受遮蔽效应影响的缩尺之后主尺寸小于 1 mm 构件对整体结构受力可忽略性原则。一些设备本身受到遮蔽效应的影响，相对于结构整体面积，完全可以忽略不计，因此对这些设备就做不加工的简化处理。

2）临界雷诺数确定方法

为了使模型试验满足雷诺数相似准则，则需流场进入紊流状态，因为流场进入紊流状态之后雷诺数对结构阻力系数几乎没有影响。根据结构风载荷计算公式和风载荷系数计算公式可得阻力系数与风载荷系数之间的关系如下：

$$C_F = \frac{\rho A C_s}{2\lambda^2} \qquad (4-6)$$

式中　C_F——风力系数；

　　　C_s——结构阻力系数；

　　　A——结构面积；

　　　ρ——空气密度；

　　　λ——模型比尺。

　　模型确定，则模型对阻力系数的影响与对风力系数的影响具有一致性，因此可以根据雷诺数与风力系数的变化规律确定临界雷诺数（流场刚进入紊流状态对应的雷诺数为临界雷诺数，或当雷诺数大于某一数值时，其大小不再影响风力系数，该雷诺数为临界雷诺数）。根据临界雷诺数可计算临界雷诺数对应的风速，根据该风速则可以选择试验风速进行风洞测力试验。

　　结构模型一定，则雷诺数与风速具有一致性，对物理模型进行"变风速试验"则可确定临界雷诺数对应的风速。根据一些研究表明，当雷诺数达到一定程度，流场进入紊流状态，雷诺数相似准则自动满足，因为风洞试验是为了确定模型阻力系数，但雷诺数较小时，流体黏性力在流体总力中其一定的作用，雷诺数大小影响阻力系数，但雷诺数增加，流体黏性力变小，雷诺数对阻力系数的影响减小，但当雷诺数达到一定程度，流场进入紊流状态，黏性力很小几乎可以忽略时，雷诺数对阻力系数几乎没有影响，也即是认为雷诺数达到一定程度后，雷诺数相似准则自动满足，或者说雷诺数相似准则不需要考虑。

　　3）风剖面的校准

　　风剖面分布规律与基本风速 U_0 相关，基本风速确定之后才能确定风剖面分布规律。根据风洞实验室实验条件，基本风速取为时均风速。为了借鉴风洞实验室模拟风剖面的经验，将基本时均风速对应的风剖面时均风速转换为 10 风钟平均风速，根据 10 风钟平均梯度风速采用与基本风速无关指数律来拟合该风剖面，风剖面指数律如下式所示：

$$U(z) = U_0 \left(\frac{z}{10}\right)^{\alpha} \qquad (4-7)$$

式中　α——指数律指数；

　　　U_0——海平面上 10 m 处的时均基本风速。

　　进行风洞风剖面模拟时，根据上述目标梯度风速，根据指数律风剖面的调节经验对已经实现的风剖面尖劈系统进行调试，直到测试梯度风速分布满足目标梯度风速分布。

　　4）模型试验内容

　　一般风洞试验包括风载试验和流载试验。

风载试验一般包括在位和拖航两个装载状况,模型正浮,风剖面 2~3 个,风向范围为 $0°~360°$,间隔为 $10°~15°$,同时包括一个吃水状态、两个风向角的变雷诺数试验。

流载试验包括在位和拖航两个装载状况,模型正浮,均匀流,风向范围为 $0°~360°$,间隔为 $10°~15°$。同时包括一个吃水状态、两个流向角的变雷诺数试验。

5)试验数据处理

对于基本风速时距不同的载荷系数修正,借鉴了风洞实验室模拟风剖面的经验,采用 10 min 平均风速作为基本风速进行风剖面模拟,提高了风剖面校准的效率,由于有些目的基本风速是 1 min 平均风速,因此需要把 10 min 平均风速转变为 1 min 平均风速,根据 10 min 平均风速作为基本风速计算的风载荷系数也需要进行修正。

1 min 平均风速对应风载荷系数为

$$C_{\mathrm{F}} = F/(V_0^2\lambda^2) \tag{4-8}$$

10 min 平均风速对应风载荷系数为

$$C'_{\mathrm{F}} = F/(V_{10}^2\lambda^2) \tag{4-9}$$

式中　V_{10}——海平面上 10 m 高处 10 min 平均风速。

可以得到关系:

$$C_{\mathrm{F}} = C'_{\mathrm{F}}(V_{10}^2/V_0^2) \tag{4-10}$$

式中　(V_{10}^2/V_0^2)——考虑时距不同的修正系数。

4.3.3　涡激运动试验

1)海洋环境模拟

涡激运动试验一般采用由拖车行进带动模型运动的方法来模拟均匀流。通过以下公式计算涡激运动试验中的流速:

$$V = \frac{DU_{\mathrm{r}}}{T} \tag{4-11}$$

式中　U_{r}——折合速度;

　　　D——立柱截面在垂直于流向方向上的投影长度,即立柱直径;

　　　T——TLP 在静水中的横向固有周期。

2)测试仪器标定

试验前,对试验中所用到的拉力传感器和三分力传感器进行标定,以确保试验中测量数据的准确性和可靠性。

3)数据采集和分析

采集分析的步骤为:调节模型的压载使其吃水达到规定的吃水线;在水池中按试验

方案安装布置好所有模型及相关测量仪器;在模型、仪器仪表安装到位后,等待水面稳定静止,所有测量仪器清零采零;开动拖车,待拖车速度稳定,且平台漂移至某一稳定的平衡位置后,同时开始各项数据的测量与采集。计算机数据自动采集系统记录的试验数据通道见表 4 - 3。

表 4 - 3　涡激运动试验测量数据

序 号	名 称	单 位	说 明
1	Surge	cm	平台水线面中心处的纵荡
2	Sway	cm	平台水线面中心处的横荡
3	Heave	cm	平台水线面中心处的垂荡
4	Roll	°	横摇
5	Pitch	°	纵摇
6	Yaw	°	艏摇
7	Forceline 1～N	kg	♯1～♯N 锚链上端张力
8	X1～N	kg	♯1～♯N 三分力传感器 X 方向受力
9	Y1～N	kg	♯1～♯N 三分力传感器 Y 方向受力
10	Z1～N	kg	♯1～♯N 三分力传感器 Z 方向受力
11	Acc. x	m/s²	平台中心的 X 方向加速度
12	Acc. y	m/s²	平台中心的 Y 方向加速度
13	Acc. z	m/s²	平台中心的 Z 方向加速度

平台运动基于 2 个右手直角坐标系,如图 4 - 29 所示,定义为: 大地固定坐标系 O - XYZ,与平台静止浮在静水面上(即位于初始位置)时的随体坐标系 G - xyz 重合;随体坐标系 G - xyz,原点位于平台水线面中心 G,固定于平台,随平台一起运动;随体坐标系初始时刻与大地坐标系是重合的。

平台六自由度运动的定义为: 沿 OX 轴的直线运动称为纵荡,向艏部为正;沿 OY 轴的直线运动称为横荡,向左舷为正;沿 OZ 轴的直线运动称为垂荡,向上为正;绕 Gx 轴的转动称为横摇,右舷向下为正;绕 Gy 轴的转动称为纵摇,艏部向下为正;绕 GZ 轴的转动称为艏摇,艏部向左为正。

4) 模型试验内容

在进行涡激运动静水拖曳试验之前,需要进行系统校验试验,以确保系泊系统和平台固有属性的准确模拟,包括静态刚度试验和静水衰减试验。

开展涡激运动静水拖曳试验,研究 TLP 在不同流向角和不同速度下的涡激运动响应特性和流体力特性。

选取多个流向进行布置,每个流向角取 10 个不同流速,折合速度范围为 4～12。模型尺度的雷诺数均控制在 $3×10^5$ 以下,可以避开柱体边界层不确定的过渡区域;傅汝

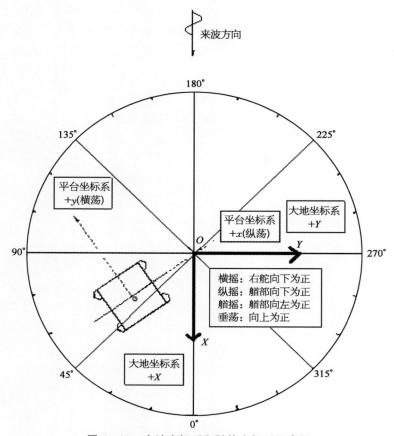

图 4-29 大地坐标系和随体坐标系示意图

德数均小于0.2,减弱自由表面兴波对涡激运动的影响。

深水平台工程技术

第 5 章　典型深水平台建造和安装技术

深水平台建造和安装是两个相互关联的阶段，建造涉及建造场地、机具选择，建造程序，以及总体建造方案。建造完成后要将平台运输到安装场地，需要确定运输路线、运输船舶选择，海上安装方案等，本章主要介绍了典型深水平台建造和安装技术。

5.1　建　造　技　术

深水平台是一种大型海洋工程结构，主要由上部结构和浮体组成。半潜式平台、TLP 有类似的结构特征，主要由上部结构立柱和下部浮箱组成。SPAR 由上部结构和浮体组成，SPAR 的浮体结构是由圆柱形硬舱、中间桁架和下部软舱构成，其建造方法和程序，以及对建造场地的要求与半潜式平台、TLP 有较大区别。由于深水平台结构和设备系统都非常复杂，具有建造深水平台能力的船厂主要集中在新加坡、韩国和欧洲部分船厂。自海洋石油 981 在上海外高桥造船有限公司成功建造以来，目前国内几个大型船厂都已具备建造深水平台的能力。

建造深水平台的关键技术包括：结构总体建造技术、上部结构合拢技术、结构焊接技术。结构总体建造技术是平台建造技术的基础。平台总体建造方案分为分段建造、分段舾装、总段建造、总段舾装、船坞合拢、坞内舾装、系泊舾装、调试及试航等几个阶段。结构总体建造方案规划合理不仅对平台结构顺利建造有利，对保证平台建造质量、合理利用建造资源、缩短建造周期也起着关键作用。浮体结构的合拢是分段建造完成后的结构总组，总组是一个小的分段组合成一个局部结构，如一个立柱可以由三个分段组合而成，在完成一个个局部结构后，让后进行合拢，合拢一般在船坞的进行，也有在船台上合拢，这取决于总体建造方案的先期规划。

平台的主船体分段建造一般按平面板架、立体装配、分段舾装的工艺流程进行建造，根据平台的结构情况，甲板区域结构比较复杂，建造精度要求很高，确保该区域分段建造及合拢精度是工艺设计者所要重点解决的问题。

上部结构合拢一般采用龙门吊吊装合拢，由于大部分上部结构悬在空中，使得上部结构的合拢成为建造中的难点，因此，必须制订出合适的上部结构合拢技术方案。

深水平台大量地采用了高强度钢（EQ56、EQ47 等），供货状态属于调制高强钢，钢材本身的焊接性较差，同时由于化学成分复杂，且强度和低温韧性等性能要求很高，焊接工艺技术难度非常大。要以保证焊接接头的强度和韧性满足设计要求，焊接工艺设计人员需要做大量的焊接工艺评定工作，包括手工电弧焊、气体保护焊、埋弧自动焊等多种焊接方法，以及多种焊接位置及接头形式。

5.1.1　建造标准与规范

不同的浮式平台在建造过程中有不同的要求和不同的建造过程，其下水组装过程也是不一样的。但不同平台的基本制造工艺是相似的，主要过程也基本一致。目前，国际上对平台建造的各种过程已经形成了相关的标准。目前应用较广的标准有以下体系：

① American Petroleum Institute；

② American Bureau of Shipping and Regulations；

③ American Society for Non-Destructive Testing；

④ American Welding Society；

⑤ British Standards；

⑥ DnV；

⑦ Other Specifications.

建造过程中应用的主要标准如下。

（1）API 规范

① RP 2X — Recommended Practice for Ultrasonic Technicians of Offshore Structural Fabrication and Guidelines for Qualification of Ultrasonic Technicians.

② RP 2FPX — Recommended Practice for Planning, Designing, and Constructing Floating Production Systems.

③ RP 2A — Recommended Practice Planning, Designing, and Constructing Fixed Offshore Platforms.

④ RP 14C — Recommended Practice for Analysis and Design, Installation, and Testing of Basic Surface Safety Systems on Offshore Production Platforms.

⑤ RP 1111 — Recommended Practice for Design, Construction, Operation and Maintenance of Offshore Hydrocarbon Pipelines.

⑥ Spec 3B — Specification for As-rolled Carbon Manganese Steel Plate with Improved Toughness for Offshore Structures.

⑦ Spec 2B — Specification for the Fabrication of Structural Steel Pipe.

（2）ASNT 规范

① SNT‐TC‐1A Recommended Practice — Personnel Qualification.

② American Society for Testing and Materials（ASTM）.

③ A370 Standard Test Method and Definitions for Mechanical Testing of Steel Products.

④ A 578‐92 — Standard Specification for Straight-Beam Ultrasonic Examination of Plain and Clad Steal Plates for Special Applications.

⑤ E23 Standard Methods for Notched Bar Impact Testing of Metallic.

⑥ D1. 1 - 2004 — Structural Welding Code - Steel.

⑦ QC1 - Current Specifications for Qualification and Certification of Welding Inspectors.

⑧ Rules and Regulations for Materials and Welding. Rules for Building and Classing Steel Vessels.

（3）焊接规范或推荐做法

① ABS Rules for Building and Classing Mobile Offshore Drilling Units.

② IEEE - 45 Recommendations for the Electrical and Electronic Equipment of Mobile and Fixed Offshore Installations.

③ OSHA Standard Industry Practices for miscellaneous details such as stairs，walkways，etc. for safe operation of the facility.

④ ASME Boiler and Pressure Vessel Code：Section VIII Rules for Construction of Pressure Vessels，Division 2 — Alternative Rules.

⑤ AISC Specifications for the Design，Fabrication，and Erection of Structural Steel（American Institute of Steel Construction），Current Edition.

⑥ NACE Standard RP 0176 - 94，Corrosion Control of Steel Fixed Offshore Platforms Associated with Petroleum Production. Steel Requirements.

⑦ ABS Steel is a Basis with Additional Chemical and Testing Requirements.

⑧ API Spec 2Y Specification for Steel Plates，Quenched-and-Tempered，for Offshore Structures.

⑨ API Spec 2W Specification for Steel Plates for Offshore Structures，Produced by Thermo-Mechanical Control Processing（TMCP）.

⑩ API 2H — Specification for Carbon Manganese Steel Plate for Offshore Platform Tubular Joints.

⑪ ASNT E23 Standard Methods for Notched Bar Impact Testing of Metallic Materials for Type A Charpy（Simple Beam）Impact Specimens.

⑫ ASNT E92 - 82 Standard Test Method for Vickers Hardness of Metallic Materials.

⑬ ASNT E1290 Standard Test Method for Crack Tip Opening Displacement（CTOD）Fracture Toughness Measurement.

5.1.2　总体建造方案

建造深水平台是一项投资巨大、风险高的工程项目。为保证平台的建造质量，提高生产效率和降低生产成本，首先应制定合理的建造方案，通过建造精度控制、重量控制，以及专有焊接技术的掌握,确保建造项目的质量和高效。总体建造方案制定是根据平台的结构形式、尺度,结合场地条件,确定合理的建造流程,以及结构的分段/总段划分、分段建造、总段建造、合拢和系统调试方案等。由于三类典型深水平台的结构形式的差异,它们的总体建造方案也具有不同的特点。

1) SPAR 建造方案

SPAR 是一种典型的深水平台,其主要结构组成包括:上部生产模块、圆柱形浮体,通过张紧式系泊系统系泊。桁架式 SPAR 的圆柱形浮体由圆柱形硬舱、中间桁架结构和下部软舱构成。由于 SPAR 是一种大型圆柱形结构,对建造场地、建造工艺,以及总装和拖航有特别的要求。SPAR 的建造方案一般是硬舱、中间桁架结构和下部软舱分别建造,在滑道上组装合拢,然后通过滑道,滑移到运输船干拖到安装海域。

(1) 场地布置

SPAR 硬舱、中间桁架结构和下部软舱一般在同一场地建造,在完成分段/总段划分后,需要对建造场地进行合理布置,以保证建造流程按计划执行,图 5-1 给出了 SPAR 建造场地的布置图。

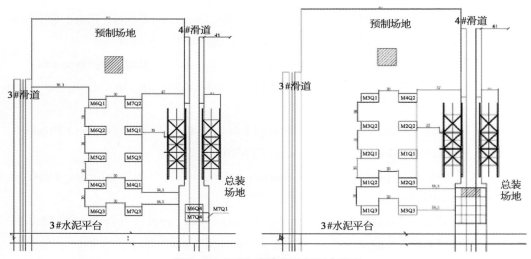

图 5-1 SPAR 建造场地平面布置图

(2) 硬舱建造

硬舱是一个大型圆柱体,需要分几个环段建造,每个圆环段的建造工艺流程基本相同,每段建造完成后,在滑道上组装,硬舱建造流程,如图 5-2 所示。

(3) 桁架建造

桁架通常由圆柱立腿、水平撑杆、斜杆和垂荡板组成,并在垂荡板上装有让立管通过的导向装置。

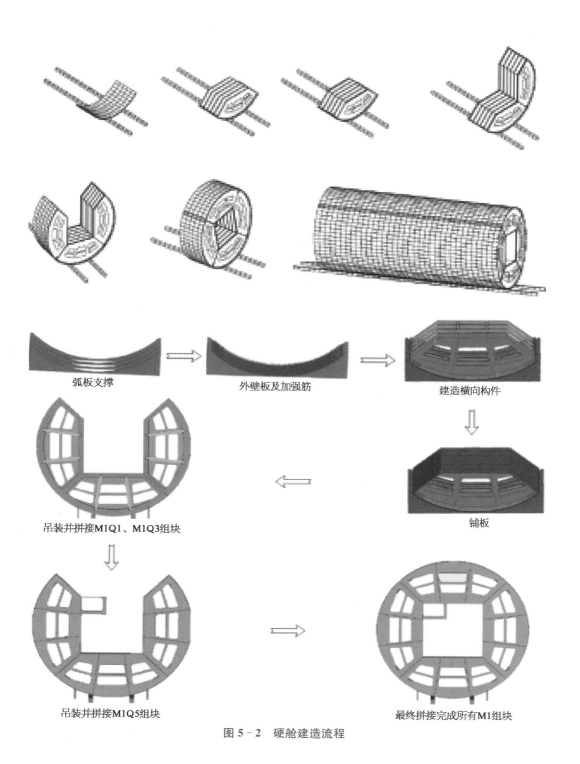

弧板支撑

外壁板及加强筋

建造横向构件

铺板

吊装并拼接M1Q1、M1Q3组块

吊装并拼接M1Q5组块

最终拼接完成所有M1组块

图 5-2　硬舱建造流程

桁架部分的建造主要涉及板架结构(垂荡板)和传统的导管架结构的建造。此次研究我们采用传统导管架建造方法,对桁架进行分片建造,然后再立片组装。

桁架共分为 2 片(立片 ROW-3 和组合片 ROW-5),可直接在 4♯滑道中部进行预制(图 5-1)。图 5-3 为桁架建造工艺流程。

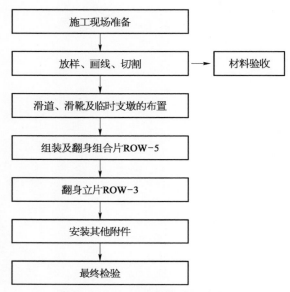

图 5-3　SPAR桁架建造工艺流程

（4）软舱建造

软舱为板式钢结构舱室,主要为板架结构,结构相对比较简单。建造也比较简单。

软舱一般分 5 个部分,在 4♯滑道附近靠近桁架的场地进行预制,以方便与导管架的组装。建造时,主要是先分片预制,然后翻身吊装与桁架对接,流程如图 5-4 所示。

（5）分片及重量控制

重量控制是所有浮式生产系统最关键的环节。SPAR 具有非常严格的重控程序,对设计、建造整个过程都要进行严格控制。

考虑到自身的结构形式、结构内部设备安装具体位置、现场吊机的起重能力以及平板车的运输能力,需要将每块 SPAR 的分片重量尽量控制在 370 t 以下。

如图 5-5 所示,平台结构将硬舱分为 7 段,分别是 M1、M2、M3、M4、M5、M6、M7,每段又分为 5 个部分,分别为 Q1、Q2、Q3、Q4、Q5。

桁架结构的分段原则主要是根据桁架的施工工艺流程、翻身吊机的起吊能力及临时垫墩的结构形式及数量而定。

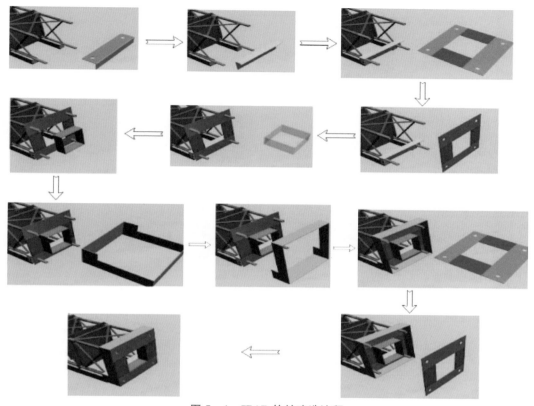

图 5 - 4　SPAR 软舱建造流程

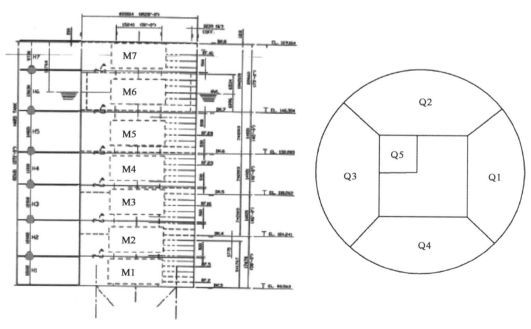

图 5 - 5　SPAR 硬舱分段示意图

根据软舱的施工工艺流程将软舱结构分为 5 个部分,分别为 DECK1、DECK2A、DECK2B、STQ1、STQ2。分段模型如图 5-6 所示。

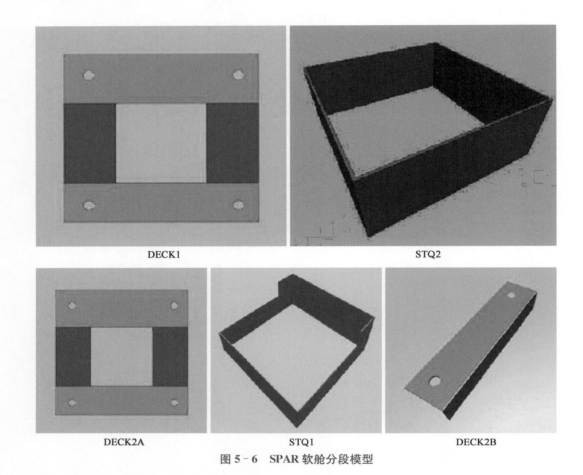

DECK1　　　　　　　　　　STQ2

DECK2A　　　　　STQ1　　　　　DECK2B

图 5-6　SPAR 软舱分段模型

(6)上部模块结构建造

SPAR 上部模块结构是个有 4 个支柱的 3 层结构,包括上层钻井甲板、中层生产甲板和底层甲板。上部模块结构建造在船厂场地上完成,建造完成的模块整体滑移装船,运输到安装海域,采用吊装或双船浮托法完成上部模块与浮体的合拢。

上部模块结构一般采用正造法,先建造底层甲板,然后将分段完成的中间甲板组装,最后组装上层甲板完成上部模块总体装配。

2)TLP 建造方案

TLP 按结构形式分为:传统式 TLP、伸张式 TLP、MOSES TLP 和海星式 TLP,除海星式 TLP 为单立柱结构外,其他三类 TLP 均为四立柱结构。TLP 属于大型海洋工程结构,其建造方法和建造方案要综合考虑 TLP 的结构特点、自身的结构形式、结构内部设备安装具体位置、现场吊机的起重能力、平板车的运输能力、场地设备条件、制定平台建造的分段/总段及区域划分方案,以及制定分段建造、总段搭载等建造工艺。

（1）建造的整体分段

TLP 是 1/4 对称结构,根据其外形可将结构大致的分为 8 个部分,为 Q1～Q8,具体结构的部位如图 5-7 所示。

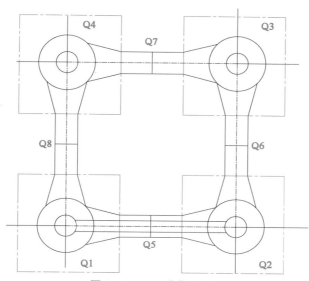

图 5-7　TLP 分段平面图

（2）立柱分段

根据现场的建造能力、吊装能力及运输能力,立柱不能整体建造,需要对 4 个立柱再进行分段建造和施工。现以 Q1 为例,将 Q1 进行分段,Q2、Q3、Q4 的分段方法同 Q1,其中 Q1 主要由 1 个圆柱及两端连接立柱及浮箱结构的节点组成,考虑到青岛现场的吊装及运输能力,需要控制结构的分块重量,因此将 Q1 分成 12 个分段,其中立柱分为 10 段,为 H1～H10、两端的节点结构分别为 M1 和 M2。立柱的具体分段尺寸如图 5-8 所示。

（3）浮箱分块

TLP 浮箱结构是由 4 个分块 Q5、Q6、Q7、Q8 组成,其中每一分块的结构重量相同。考虑到浮箱结构形式、现场吊装及建造条件,将每一块的浮箱结构分为 8 个分块,现以 Q5 为例,具体浮箱分块如图 5-9 所示。

（4）建造流程与总装

将 TLP 壳体的建造分为节点建造、浮箱建造、立柱建造,各部分建造流程如图 5-10～图 5-12 所示。

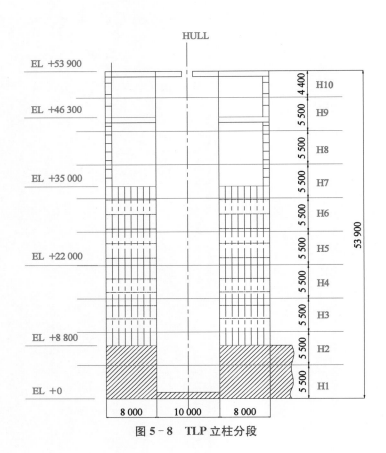

图 5-8 TLP 立柱分段

图 5-9 TLP 浮箱 Q5 分块示意图

上部组块与壳体建造完成后,进行总装合拢,TLP 主要有两种合拢方法:一种是滑道建造,分为滑道预制、提升滑移、拖拉装船,如图 5-13 所示;另一种是船坞建造,包括船坞预制、提升滑移、拖拉出坞,如图 5-14 所示。

3) 半潜式平台建造方案

传统的半潜式平台由主体结构和两层甲板的上部结构组成。平台主体结构是由加筋板和壳体结构组成。这些加筋板和壳体结构是由内部纵向骨材,桁材和肋板结构组

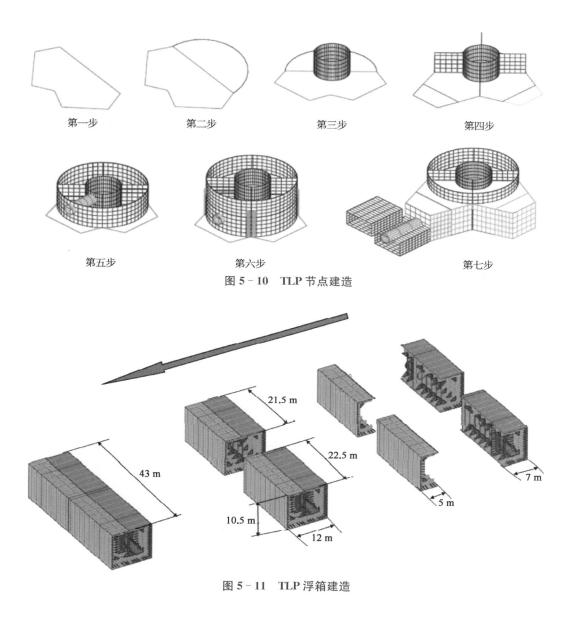

第一步　　　　　第二步　　　　　第三步　　　　　第四步

第五步　　　　　第六步　　　　　第七步

图 5‑10　TLP 节点建造

图 5‑11　TLP 浮箱建造

成。主体结构包括 4 个立柱、4 个下浮筒和 4 个节点。平台主体结构关于水平面内纵轴和横轴对称。

　　节点结构是浮筒和立柱的连接部位,位于立柱的最下部。除了中空竖井之外,在每个节点中还有 4 个水密舱壁。在每个立柱中,有一个操作泵室。

　　上部结构位于主体结构的上部,并且与主体结构相连接,形成一整体。上部结构除了自身的支撑功能外,还与主体结构一道作用,防止立柱过渡倾斜,并且可以降低平台结构在干拖过程中的应力水平。上部结构将会承受在位期间的载荷,如服役期间的拉伸/挤压载荷。

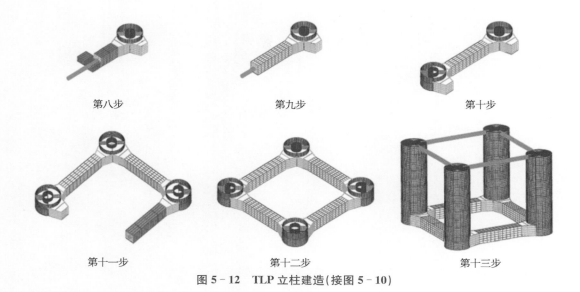

第八步　　　　　　　　　第九步　　　　　　　　　第十步

第十一步　　　　　　　　第十二步　　　　　　　　第十三步

图 5‑12　TLP 立柱建造(接图 5‑10)

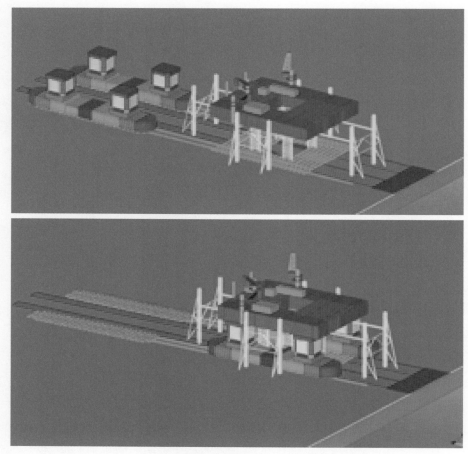

图 5‑13　滑道建造、提升滑移、拖拉装船示意图

图 5-14　船坞预制、提升滑移、拖拉出坞示意图

（1）分段建造

半潜式平台上部组块与固定式平台和 TLP 相似，因此应主要关注下部浮体的建造。下部浮体建造分为浮箱建造和立柱建造，建造流程如图 5-15、图 5-16 所示。

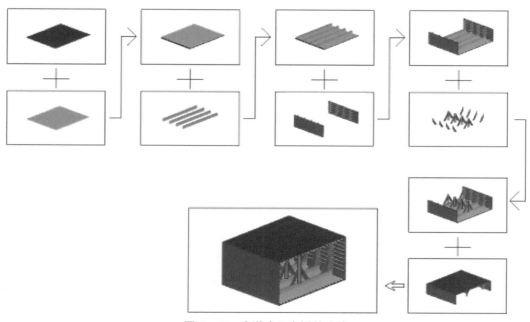

图 5-15　半潜式平台浮箱建造

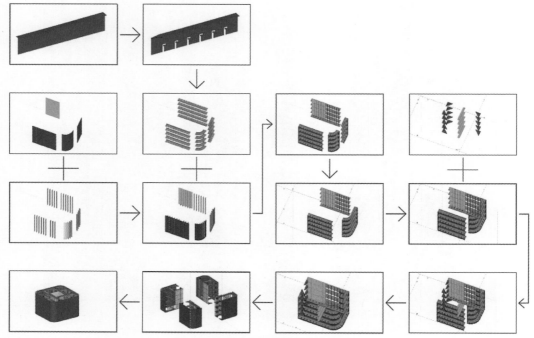

图 5‑16　半潜式平台立柱建造

（2）合拢方案

在完成各个部分建造后，需要合拢以完成总装，合拢流程如图 5‑17～图 5‑20 所示。

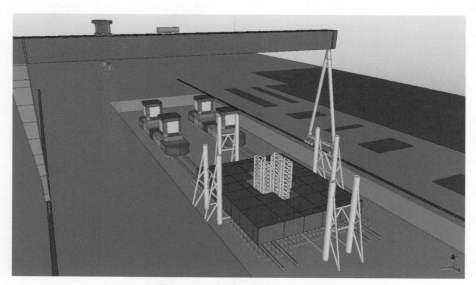

图 5‑17　半潜式平台完成总装

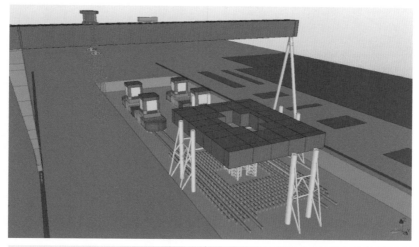

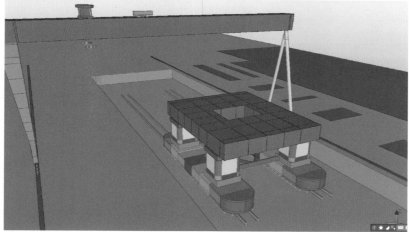

图 5 - 18　半潜式平台提升滑移

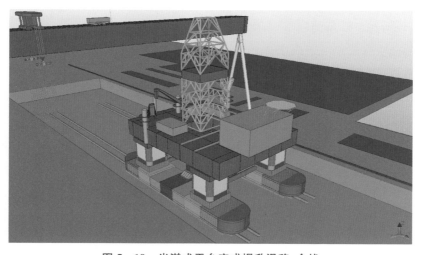

图 5 - 19　半潜式平台完成提升滑移、合拢

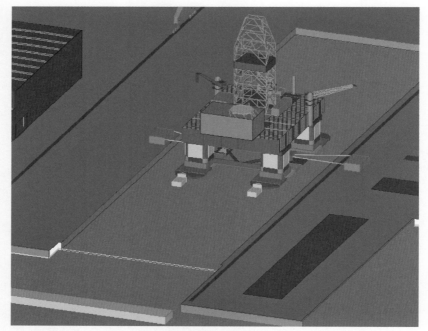

图 5－20　半潜式平台拖拉出坞

5.1.3　建造关键技术

1）建造中的重量控制

浮式结构对重量比较敏感，必须将平台的重量和重心控制在设计范围之内。因此在平台建造过程中须制定严格的重量控制方案。通常受安装条件的限制，很难做倾斜试验，而规范要求计算和实际测试重量和重心需控制在 1％ 的误差之内，这对重量控制提出了很高的要求。现在的普遍操作程序是测称每一建造模块的重量及最终结构的重量和重心，包括每个设备的称重，每次的测试和实际称重都应控制在一定的预设范围之内。施工的每个阶段都需要提交重量报告，在施工完成后，需要提交重量的总报告。重量控制通常需要专门人员进行。

深水平台间的建造过程中，需要形成重量控制数据库。该数据库在结构的各阶段、运输和操作过程中起到重要作用。数据库内容包括：结构预计重量、重心位置和质量矩；当前重量、重心位置和惯性矩；依据种类的重量分类；重量变化趋势信息。

利用重量控制数据库可以实现实际建造过程中的数据和理论模型导出数据的对比分析。此部分借助重量、重心算法插件，计算出重量值、重心位置坐标、在建造过程中随之搭载的进程，以及重量、重心累加后的值等。通过数据对比分析模块实现数据的对比，包括百分比误差、方差和标准差的计算等。另外，通过余量计算插件算出重量控制中允许的余量范围,由数据处理模块对超出余量范围的数据作出相应标记,对整个建造过程中的重量、重心数据进行曲线绘制。在重量数据反馈过程中,发现异常重量数据,需进行原因分析和设定补救措施,还可以根据各项统计对比数据、图表审核重量控制成果。

2)建造精度控制

深水平台是具有复杂结构形状的大型结构物,而且包含有很多板壳类结构。在场地建造过程中,由于焊接变形、分段吊运过程中会产生变形等不确定因素,可能会导致平台建造后出现较大结构形状误差。如果分段精度不合格,在合拢阶段,相对焊缝间隙大,合拢时的修正工作量就会加大。因此在建造施工过程中要对每一步骤都进行严格的精度控制,这对于控制深水平台的建造精度有重要的意义。

建造过程中的各阶段的精度控制包括施工设计过程中的精度控制,设计过程中的精度控制是通过图纸来体现的,施工设计图纸包括分段总段精度布置图、分段完工测量图和型部件拼板精度控制图;下料阶段中的精度控制包括板材下料、型材下料和坡口过程中的精度控制;加工分段预制阶段中的精度控制包括 T 型材制作、型板加工、拼板划线和部件组立过程精度控制;分段总装阶段中的精度控制包括分段总组、总段合拢等。目前比较常用的是基本精度控制技术,包括对合基准线技术、补偿量加放技术、反变形技术等。

(1)对合基准线技术

对合基准线精度控制是采用点、线、面结合,以中心线或直剖线、肋骨检验线、水线三维模式,来判断分段正方度和扭曲度。每个分段上应有中心线、直剖线、肋骨检验线、水线、100 mm MARK 线等,分段完工后必须划出这些线,并用洋冲敲出标记,以方便搭载,如图 5-21 所示。

(2)补偿量加放技术

补偿量的确定是船体精度控制技术中的核心内容。精度控制的最终目的是用补偿量来代替余量,从而在各工艺阶段无需实施二次划线切割的情况下仍能保证零部件、分段及合拢后的完工尺寸达到规定的精度要求。余量与补偿量的区别在于:余量在施工阶段需要切割,补偿量在施工过程中会被逐步消耗掉,因此不需要切割;余量可以任意加放,补偿量则不可任意加放,必须有大量数据支持。补偿量加放技术如图 5-22 所示。

(3)反变形技术

深水平台建造过程中出现的变形一般为切割变形、焊接变形、加工变形。针对这 3 类典型变形情况,分别予以研究,分析变形产生因素,并研究相应的反变形技术。

深水平台建造精度控制的关键是制定合理的精度控制方案,然后通过有效建造管理及随时反馈,采取适当的措施加以改进,才能保证平台建造精度得到有效控制,从而

图 5–21　对合基准线技术

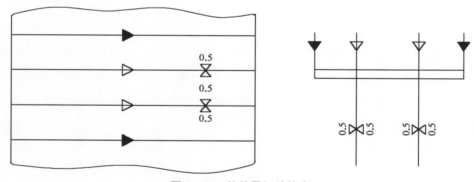

图 5–22　补偿量加放技术

保证平台的建造质量。

　　3）焊接质量控制

　　深水平台建造涉及大量的超高强度钢的应用、复杂节点的焊接技术、焊接残余应力的控制及高压管线的焊接技术等,焊接要求高,因此焊接质量是保证平台建造质量和控制建造周期的关键。深水平台焊接工艺的制定需要参照相关规范,目前适用于深水平台的焊接规范包括:ABS MODU RULE、CCS 海上移动平台入级与建造规范 2005、CCS 焊接与材料规范 2009、AWS D1.1、API、ASME Ⅷ、ASME Ⅸ、ASME B31.3、DNV OFFSHORE RULE、BV OFFSHORE RULE、IACS 等。在焊接工艺评定试验、焊接工艺规程制定、焊接坡口制作中需要对上述规范深入理解,并加以应用,以确保焊接质量。

深水平台大量采用高强钢(如 EQ70、EQ56、EQ47 等),高强钢属于调制高强钢,钢材本身的焊接性较差;同时由于化学成分复杂,且强度和低温韧性等性能要求很高,焊接工艺技术难度大,需要对焊接工艺上各个方面的技术关键进行研究,采取有效措施,以保证焊接接头的力学性能,尤其是低温韧性,使焊接接头的强度和韧性满足设计要求。要保证焊接要求,在实施焊接之前需要对焊接工艺进行试验评定,评定内容包括多种焊接位置及接头形式,以及采用的焊接方法,包括手工电弧焊、气体保护焊、埋弧自动焊等多种焊接方法。通过系列试验,确定 EQ70、EQ56、EQ47 高强钢冷裂敏感性及焊前预热温度、层间温度及焊后热处理对焊接接头力学性能的影响,确定建造的推荐工艺。同时基于试验评定对高强钢试件进行裂纹尖端张开位移试验,了解高强钢的裂纹尖端张开位移性能。

关于复杂节点的焊接技术,需要针对平台局部结构较为复杂的特点,研究水平横撑与立柱结构、立柱与上下船体结构、克令吊基座、推进器基座等复杂结构的焊接技术,对其焊接工艺,包括安装顺序、坡口角度及加工方法、焊接方法、焊前预热、层间温度控制、焊后热处理、焊接前准备和焊接顺序等,进行总结提炼,从而确定适用的焊接工艺。

焊接残余应力的控制是通过数值计算结合试验验证的方式,对重要局部结构焊接残余应力控制技术进行初步研究,对超声冲击、焊趾重熔、焊接线能量、焊缝打磨、焊前预热及焊后热处理等降低残余应力的工艺进行评估。焊缝打磨可降低应力集中,使焊接接头表面光滑,改善焊接残余应力的分布,建造中易于操作;焊前预热和焊后热处理对焊接残余应力的减小有着很好的作用,虽然因装置复杂而不易实现,但由于在 EQ56、EQ70 钢焊接时,从提高本身焊接性的角度就需要进行这些操作,因此焊前预热和焊后热处理在实际焊接中有很好的应用价值。在实船建造中,对复杂局部结构,采用焊缝打磨、焊前预热及焊后热处理等方式来降低残余应力。

高压管线的焊接技术一般要通过研究 ASTM4130 钢的冷裂倾向、一次焊接热影响区对各个区域的组织和性能的影响、线能量对一次焊接粗晶区组织和性能的影响、二次热循环峰值温度对一次焊接粗晶区组织和性能的影响以及焊接工艺试验,通过分析金相组织、冲击韧性、维氏硬度及冲击断口形貌,得出 ASTM4130 钢推荐的主要焊接工艺措施,并应用于平台高压管线的焊接。

5.2 安 装 技 术

不同类型的深水平台通常采用不同的安装方式,在安装过程中的关键点也各不相同。半潜式平台可在船坞内完成上部组块和船体的合拢,并整体拖航至目标油气田回接锚链与立管;而 SPAR 由于需要在目标油气田进行扶正作业,其上部组块必须采用海上吊装方式;TLP 拖航运输阶段与半潜式平台相似,其安装的主要关键点在于张力筋腱的预安装和平台就位后的回接作业。

5.2.1 安装程序

不同类型的深水平台,由于结构形式的差异,其安装及运输方式有较大区别,对于典型深水平台安装程序也具有一定典型性。

典型的半潜式平台的安装程序包括:平台整体装船及运输、桩基的装船及运输、锚固系统的装船及运输、基础的安装、锚固系统的安装、平台的安装等。半潜式平台安装流程图及技术图纸如图 5 - 23 所示。

典型的 SPAR 安装程序包括:平台主体装船及运输、桩基和锚线的装船及运输、基础的安装和锚固系统预布置、上部结构的装船及运输、平台主体湿拖与扶正、临时工作

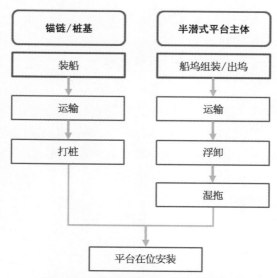

图 5 - 23 典型半潜式平台的安装程序

台、锚链、锚线的安装工作、上部结构的安装等。安装流程图及技术图纸如图 5 - 24 所示。

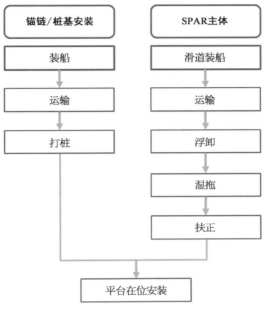

图 5 - 24　典型 SPAR 的安装程序

TLP 的安装分为 2 个部分,一部分是平台主体的安装,另一部分是张力腿和桩基的安装。典型的 TLP 安装流程图及技术图纸如图 5 - 25 所示。

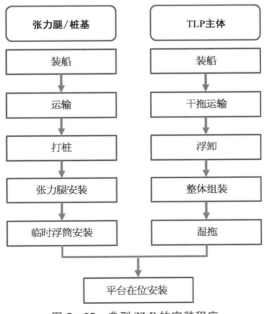

图 5 - 25　典型 TLP 的安装程序

深水平台安装过程有较大的风险，尤其是船的稳性。因此事先必须通过软件（深水平台安装仿真软件）计算安装过程的压载水变化，制定详细的安装程序，并依此安装程序执行。

5.2.2 拖航

1）半潜式平台拖航

典型的半潜式平台拖航可分为干拖装船、运输、浮卸、近海湿拖布置 4 个步骤。在平台主体装船及运输之前，需要做很多准备工作，包括主体结构装船前应做的准备、运输船的准备工作、装船滑道设计及准备、装船前的准备工作等，其他工作内容还包括主体结构装船过程及程序、船体的减压载计算及控制、主体结构的临时固定、装船及运输工作的交接、运输船竖向及水平向支撑的布置及安装、运输船启航前准备及航行、运输过程中注意事项、主结构下水程序及操作、主结构岸边临时锚固等，如图 5 - 26 所示。

2）SPAR 拖航

典型的 SPAR 拖航可分为干拖装船、运输、浮卸、近海湿拖布置 4 个步骤，如图 5 - 27 所示。

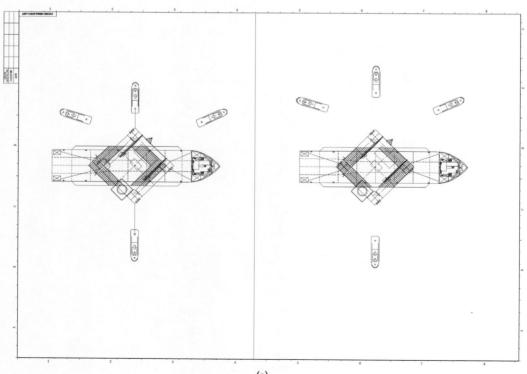

(a)

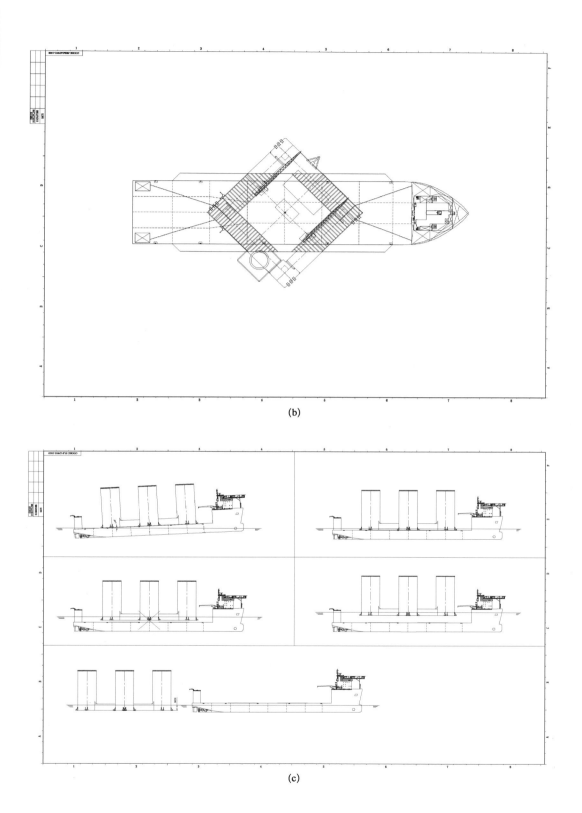

(b)

(c)

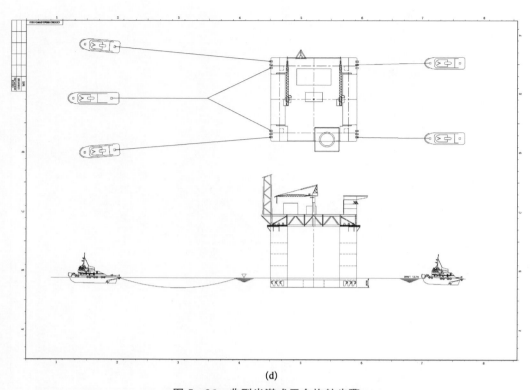

(d)

图 5 – 26 典型半潜式平台拖航步骤

(a) 干拖装船；(b) 运输；(c) 浮卸；(d) 近海湿拖布置

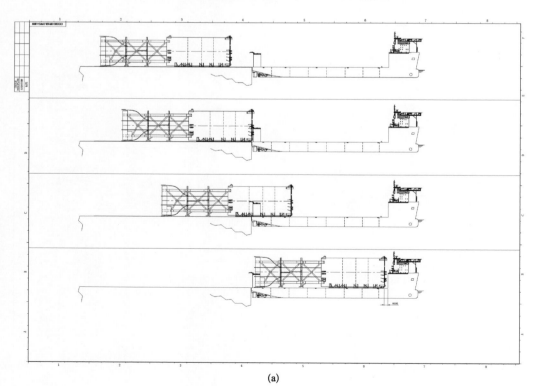

(a)

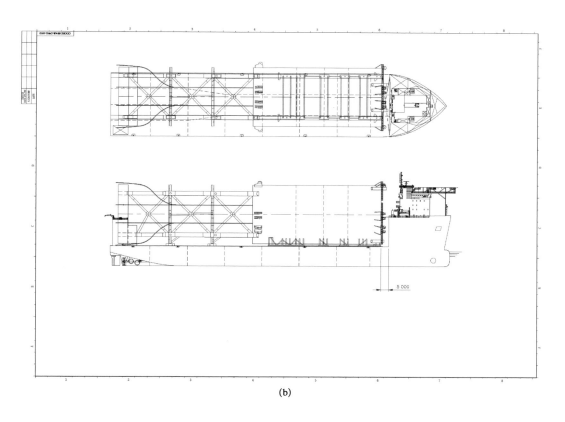

(b)

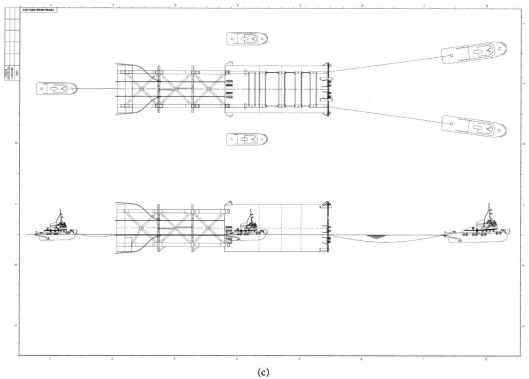

(c)

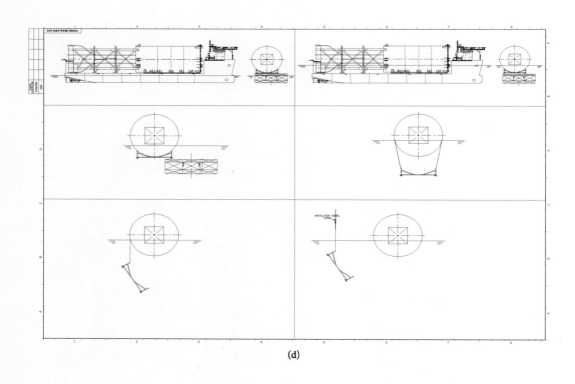

(d)

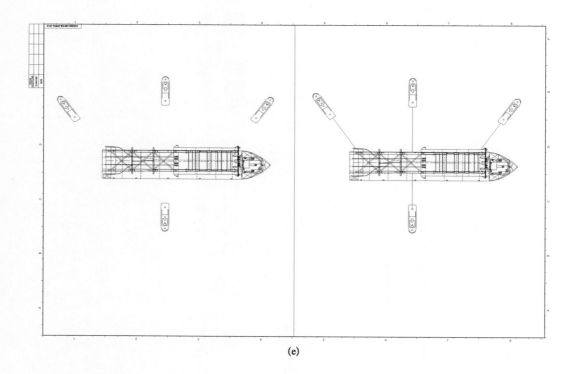

(e)

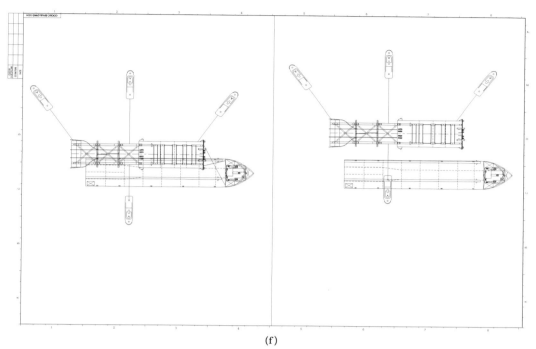

(f)

图 5－27　典型 SPAR 拖航步骤

（a）干拖装船；（b）运输；（c）近海湿拖布置；（d）浮卸；（e）浮卸；（f）浮卸

3）TLP 拖航

TLP 的安装包括平台离岸准备、平台湿拖过程、平台安装前的准备、安装的环境条件及预报、安装现场的准备工作、平台安装过程、平台安装收尾、临时浮筒去除程序等。

典型的 TLP 拖航也可分为干拖装船、运输、浮卸、近海湿拖布置 4 个步骤，如图 5－28 所示。

5.2.3　安装就位

1）半潜式平台安装就位

半潜式平台的安装相比 TLP 和 SPAR 的安装要简单一些，主要程序是出坞装船、湿拖到安装海域连接系泊系统，以及安装立管。半潜式平台一般是在船坞内整体合拢，在码头调试完成后湿拖到安装海域，桩基一般是预先安装，平台到位后主要安装工作是系泊和立管的安装，安装过程如图 5－29～图 5－33 所示。

2）SPAR 安装就位

SPAR 扶正过程中涉及阀门进水、进水速度、桁架强度等问题，因此必须提前计算软舱打入压载水的顺序及速度。利用深水平台安装仿真软件，通过计算制定详细的扶正安装程序，并在实际安装施工过程中严格按照安装程序执行。

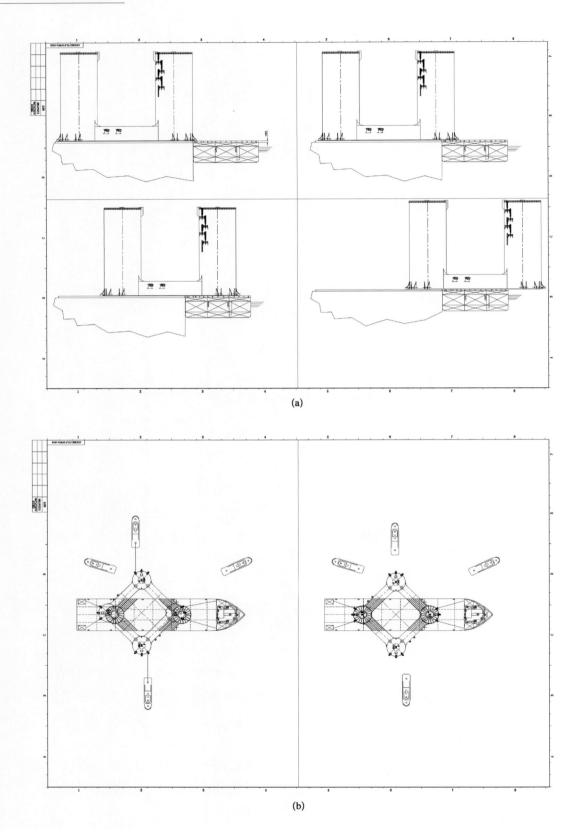

(a)

(b)

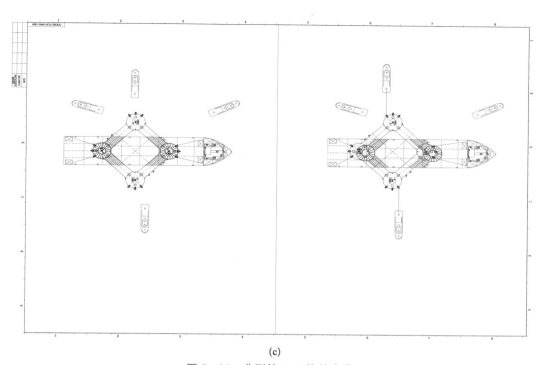

(c)

图 5 - 28　典型的 TLP 拖航步骤

（a）干拖装船；（b）运输；（c）浮卸

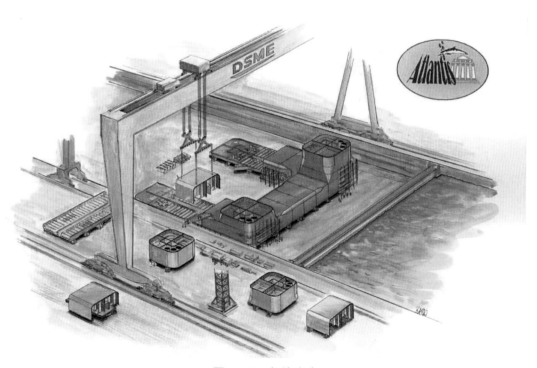

图 5 - 29　船坞建造

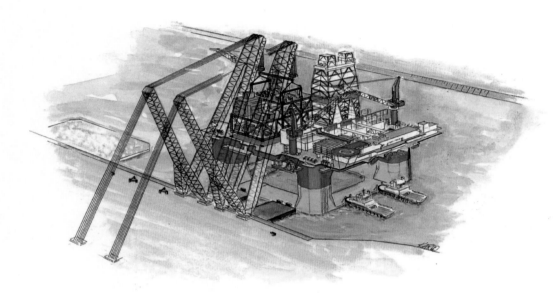

图 5 - 30　码头设备安装、调试

图 5 - 31　装船干拖

图 5‑32　湿拖到安装地点

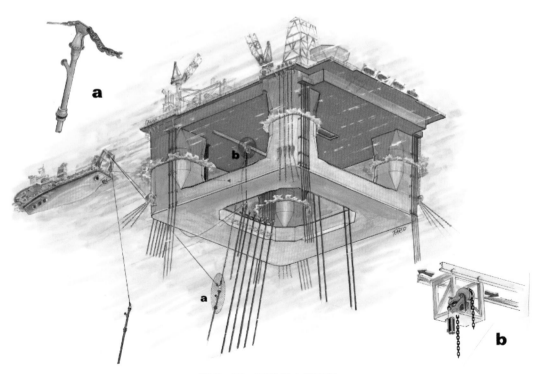

图 5‑33　系泊和立管安装

SPAR 到达现场后需要进行扶正工作，主体扶正分成 2 个压载步骤：第一步，使用注水枪向软舱顶部的进水孔注水（如果有阀门的话，需要打开阀门），待软舱进水到一定深度，位于中部的 2 个设有阀门的进水孔会没入水中，继而打开此时位于水线面下的这 2 个阀门，使软舱自动进水，通过该步骤完成初始扶正；第二步，将 DCV 压载水输送到 SPAR 第一层的硬舱舱室，完成 SPAR 的扶正。实际案例及示意图如图 5-34～图 5-36 所示。

图 5-34　SPAR 扶正的实际案例

SPAR 扶正安装研究内容包括：调载方案、扶正的稳性分析、扶正的总纵强度。

3）TLP 安装就位

张力腿安装技术由多个安装节点组成，包括基础的安装、张力腿安装船及安装准备、张力腿安装前的准备工作、张力腿的吊装流程及机械连接、临时浮筒的连接及调压载、张力腿底部的连接、张力腿安装就位工作等。张力腿安装如图 5-37 所示。

TLP 安装过程如图 5-38 所示。

在 TLP 拖航就位前需进行 TLP 张力腿和桩基的运输与安装。桩基的装船及运输包括桩基装船前的准备工作、运输船及其准备、桩基装船程序、桩基的运输等内容。张力腿及临时浮筒的装船及运输包括张力腿装船前的准备工作、出海前的准备工作、临时浮筒的装船及支撑、海上运输等。

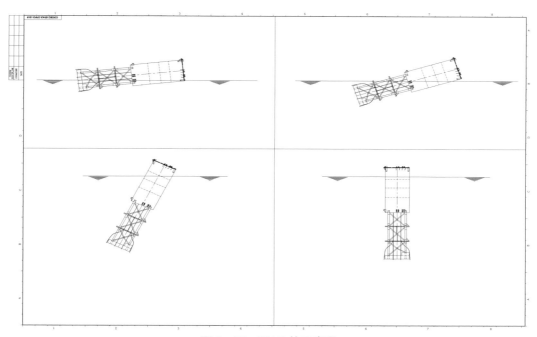

图 5 - 35　SPAR 扶正步骤

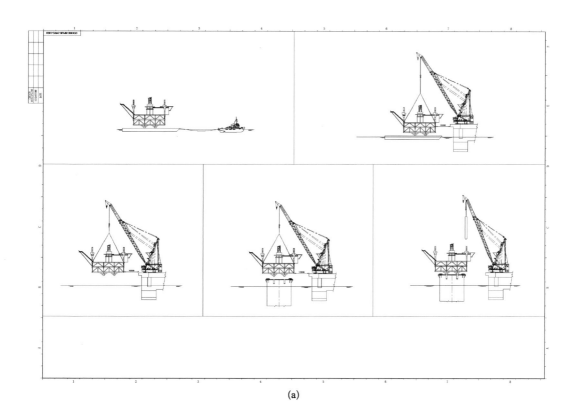

(a)

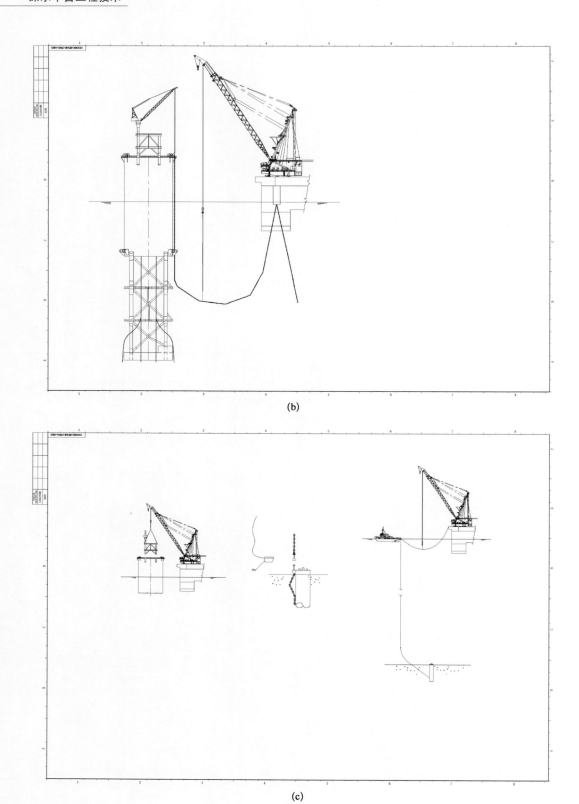

(b)

(c)

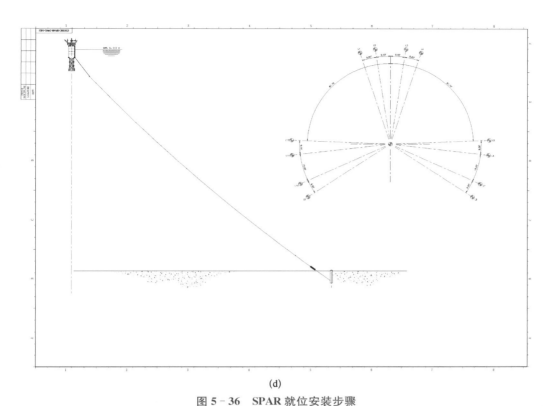

(d)

图 5 - 36　SPAR 就位安装步骤

（a）上部组块整体吊装；（b）系泊安装；（c）系泊安装；（d）系泊总体布置

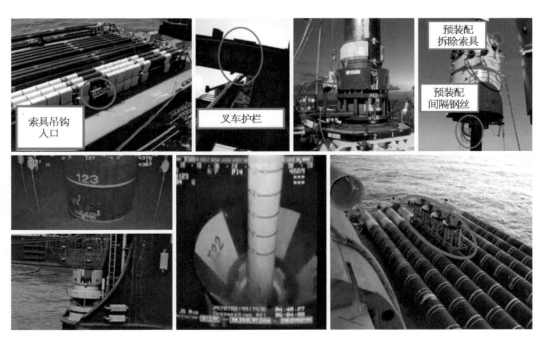

图 5 - 37　张力腿安装

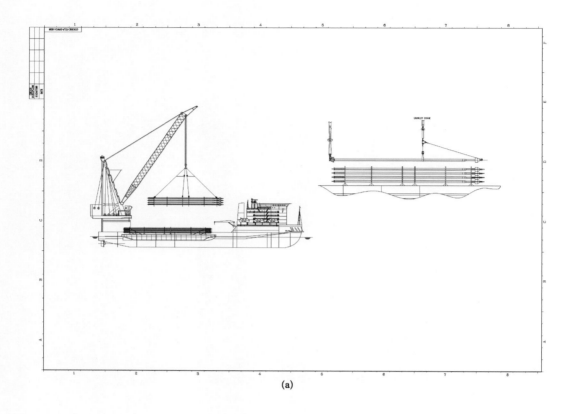

(a)

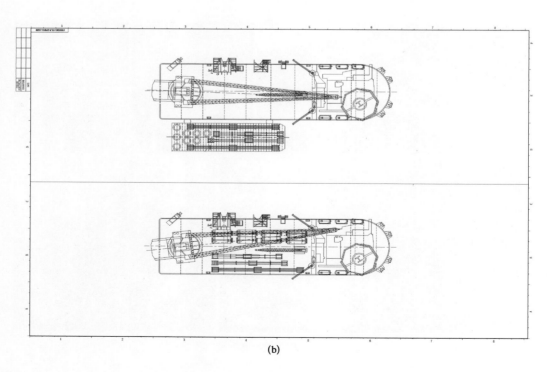

(b)

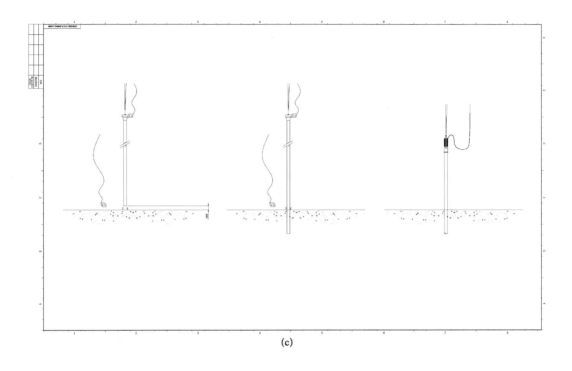

(c)

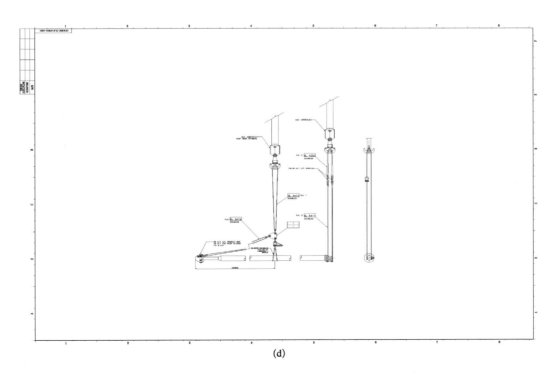

(d)

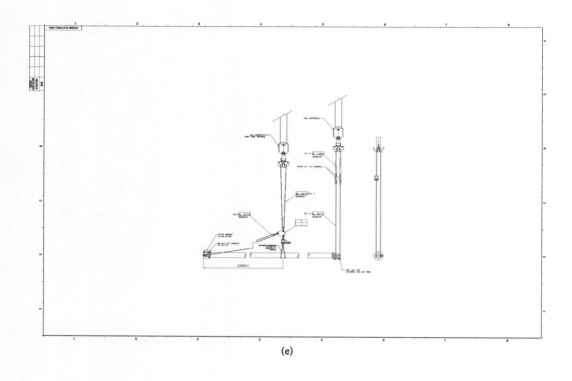

(e)

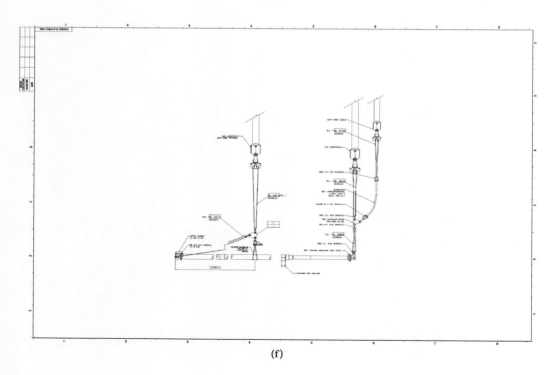

(f)

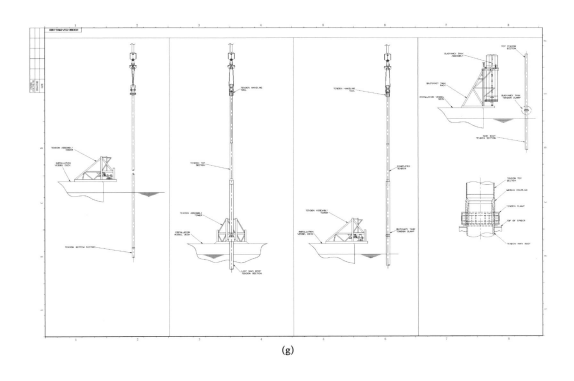

(g)

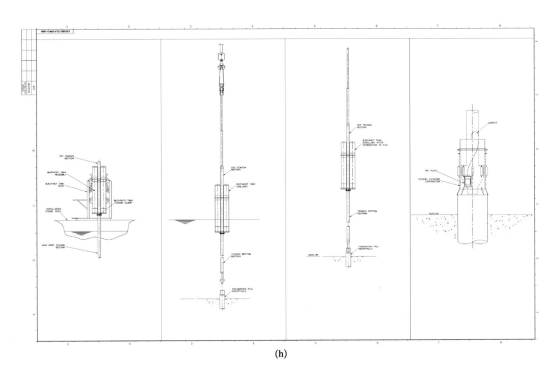

(h)

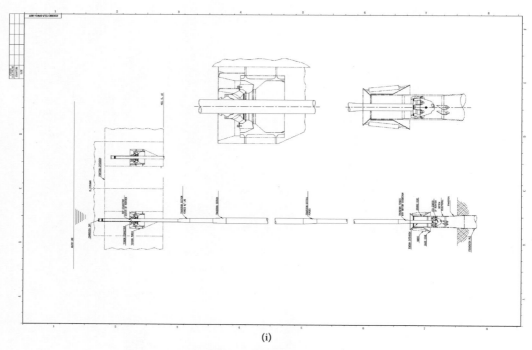

(i)

图 5-38　TLP 就位安装步骤

(a) 张力腿装船吊装;(b) 运输支撑设计;(c) 桩基海上安装布置;(d) 张力腿海上安装吊装详细设计;
(e) 张力腿海上安装吊装详细设计;(f) 张力腿海上安装吊装详细设计;(g) 张力腿及临时浮筒海上安装布置;(h) 张力腿及临时浮筒海上安装布置;(i) TLP 主体与张力腿连接安装布置

　　基础的安装包括基础的定位、打桩船准备工作、桩基的下沉及自穿透、打桩的设计及次数、桩帽的安装及基础顶部的处理等。张力腿及临时浮筒的安装包括张力腿安装船及安装准备、张力腿安装前的准备工作、张力腿的吊装及机械连接、临时浮筒的连接及调压载、张力腿底部的连接、张力腿安装就位工作等。

参 考 文 献

[1] 王世圣,谢彬,曾恒一,等.3000 米深水半潜式钻井平台运动性能研究[J].中国海上油气,2007,19(4):277-280.

[2] 王世圣,谢彬,冯玮,等.两种典型深水半潜式钻井平台运动特性和波浪载荷的计算分析[J].中国海上油气,2008,20(5):349-352.

[3] 谢彬,冯玮,王世圣,等.3000 m 水深半潜式钻井平台关键技术综述[J].高科技与产业化,2008,12:34-36.

[4] 王世圣,谢彬,谢文会.深水半潜式钻井平台总体强度计算技术研究[J].石油矿场机械,2009,38(5):1-4.

[5] 王世圣,谢彬,谢文会.TLP 张力腿总体强度评估:第二十二届全国结构工程学术会议论文集[C].北京:工程力学杂志社,2013.

[6] 冯加果,谢彬,王春升,等.南海海域张力腿平台总体和局部结构强度分析[J].船海工程,2017,46(5):170-174.

[7] 王世圣,李新仲,谢彬.SPAR 结构设计与分析[J].中国造船,2015,56(S2):1-7.

[8] ABS. ABS Rules for building and classing mobile offshore drilling units [S]. part 3 - Hull const ruction & Equipment. Houston:American Bureau of Shipping,2012.

[9] 刘杰明,王世圣,冯玮,等.深水油气开发工程模式及其在我国南海的适应性探讨[J].中国海上油气,2006,18(6):413-418.

[10] 马延德,姜福茂,孙洪国.深水半潜式平台概要建造方案[J].中国造船,2008,49(S2):159-167.

[11] 谢彬,王世圣,谢文会.深水半潜式钻井平台典型节点谱疲劳分析[J].中国海洋平台,2009,24(5):28-40.

[12] 王世圣,谢彬,谢文会.深水半潜式钻井平台冗余强度评估[J].中国海洋平台,2010,25(3):26-29.

[13] Shisheng W, Xinzhong L, Bin X. Global Performance Analysis of Spar in the Extreme Condition of South China Sea:第三届世界石油天然气工业安全会议论文集[C].北京:石油工业出版社,2019.

[14] 王世圣,张威.深水典型 SPAR 总体强度分析:第十九届全国结构工程学术会议

论文集[C].北京：工程力学杂志社,2010.

[15] 王世圣,李新仲,谢彬.SPAR 系泊系统的时域耦合分析[J].中国造船,2010,51(S2)：15-19.

[16] 冯加果,李新仲,谢彬,等.基于 ANSYS 的海洋平台局部构造疲劳寿命评估的网格精度和外推方法研究[J].石油矿场机械,2011,40(1)：15-20.

[17] 冯加果,王世圣,李新仲,等.张力腿平台湿拖完整稳性及破舱稳性研究[J].中国海洋平台,2011,26(3)：43-47.

[18] 王世圣,李新仲,谢彬.深水桁架式 SPAR 总体设计方法与总体性能研究：第十五届中国海洋(岸)工程学术讨论会论文集[C].北京,海洋出版社,2011.

[19] 王世圣,谢彬,李新仲.在南海环境条件下深水典型 TLP 的运动响应分析[J].中国造船,2011,52(S1)：94-101.

[20] 刘健,王世圣,陈国龙.FDPSO：新型深水油气田装备[J].石油与装备,2011(4)：93-95.

[21] 冯加果,李新仲,刘小燕,等.张力腿平台湿拖稳性校核及方案调整分析[J].石油矿场机械,2011,40(11)：11-15.

[22] 黄冬云,王世圣,李新仲,等.SPAR 上部设施和设备总体布置[J].中国造船,2012,53(S1)：60-67.

[23] 王世圣,谢彬,喻西崇,等.FDPSO 在深水油气田开发中的应用与发展前景：海洋石油工程技术论文(第四集)[C].北京：中国石化出版社,2012.

[24] 谢彬,王世圣,喻西崇,等.FLNG/FLPG 工程模式及其经济性评价[J].天然气工业,2012,32(10)：99-102.

[25] 王世圣,赵晶瑞,谢彬,等.深水八角形 FDPSO 总体性能分析[J].船海工程,2014,43(3)：183-186.

[26] Shisheng W, Bin X. Study of Structural Design and Analysis of Deepwater Truss Spars [C]. the 13th International Symposium on Structural Engineering, 2014.

[27] 冯加果,谢文会,刘小燕,等.半潜式平台系泊断裂瞬态漂移过程的稳性分析与探讨[J].中国海洋平台,2015,30(3)：89-94.

[28] 王忠畅,高静坤,谢彬,等.张力腿平台总体尺度规划研究[J].中国海上油气,2007,19(3)：200-207.

[29] 冯加果,刘小燕,谢彬,等.基于 ANSYS 的海洋平台吊点结构强度分析[J].石油矿场机械,2016,45(5)：32-36.

[30] 程兵,杨思明,巴砚,等.TLP 上部模块总体布置探索[J].中国海洋平台,2014(4)：21-24.

[31] 杨建民,肖龙飞,盛振邦.海洋工程水动力学试验研究[M].上海：上海交通大学出版社,2008.